Dixia Gongcheng Quanguocheng Pingheng Wending

地下工程全过程平衡稳定

朱汉华　尚岳全　杨建辉　等　编著

人民交通出版社

内 容 提 要

本书通过简要介绍公路、铁路、隧道和城市地铁钻爆法与盾构法中成功和失效的案例，解读了地下工程平衡稳定问题与实际处理地下工程问题的道理。全书共分5章，分别为：地下工程平衡稳定概论、隧道围岩稳定理念与思路完善、地下工程施工技术合理选择、隧道安全施工中的平衡稳定问题、特殊环境隧道施工中的平衡稳定问题实例分析。

本书图文并茂，形象说理，可供地下工程一线工作人员或研究人员参考，还可供大专院校地下工程及相关专业师生教学参考。

图书在版编目(CIP)数据

地下工程全过程平衡稳定/朱汉华等编著. —北京：人民交通出版社，2011.2

ISBN 978-7-114-08882-7

I. ①地… II. ①朱… III. ①地下工程－研究 IV. ①TU94

中国版本图书馆 CIP 数据核字(2011)第018802号

书　　名：地下工程全过程平衡稳定
著 作 者：朱汉华　尚岳全　杨建辉　等
责任编辑：黎小东
出版发行：人民交通出版社
地　　址：(100011)北京市朝阳区安定门外外馆斜街3号
网　　址：http://www.ccpress.com.cn
销售电话：(010) 59757969，59757973
总 经 销：人民交通出版社发行部
经　　销：各地新华书店
印　　刷：北京市密东印刷有限公司
开　　本：720×960　1/16
印　　张：7.5
字　　数：125千
版　　次：2011年2月　第1版
印　　次：2011年2月　第1次印刷
书　　号：ISBN 978-7-114-08882-7
定　　价：23.00元

前 言

QIANYAN

在地下工程建设过程中,虽然地下工程结构保持平衡稳定已是简单而普通的常识,但在不良地质环境条件下,地下工程全过程每一步都保持平衡稳定就是一个复杂难解的问题。而这一问题没有得到足够重视和普遍深入的研究,从而导致一些地下工程结构失效事故。高效合理地完成地下工程建设,需要有正确的指导思想和正确的工程结构技术处置能力。面对复杂的地质环境条件,我们有大量的技术方法和手段可以采用,但首先需要理清思路,把握全局,那就是地下工程全过程保持工程结构平衡稳定,在此基础上再制订相应的技术方案。战略是方向,战术是道路。正确的战略思想统领着战局的发展,正确的战术思想决定着战役的结果。确保地下工程稳定安全,我们需要正确的指导思想(战略)和合理的技术手段(战术)。犹如常人与盲人走路稳定性的差别在于眼睛掌握方向信息并指挥全身协调行动,虽然都是走路,但常人走路稳定,而盲人走路不稳定。地下工程中工法应用安全亦然,如果应用地下工程全过程平衡稳定理念作指导,有利于工法应用安全,反之只能在熟悉环境条件下或采用辅助手段才能促进工法应用安全。

通过总结历史经典工程的经验,得出如下认识:地下工程围岩与支护结构的共同作用在建设使用全过程中,都必须满足三维力学平衡与稳定、三维力与变形协调、三维变形协调与稳定,否则会改变原始三维力学平衡形式或维持新的三维力学平衡形式,甚至丧失平衡稳定,特别是浅埋和软弱围岩支护结构体系,其刚度应较大、安全度有富余、基本处于弹性工作状态。举例说明如下:第一点是力的平衡与稳定问题,就像对小孩,我们根据孩子的自稳能力来决定护助方式。小孩半岁前因为骨骼、肌肉还在发育,要搂着屁股抱着腰;半岁以后,腰部骨骼发育到一定程度,可以搂着屁股抱;等小孩会走路了只要牵着手就行。这里的关键是小孩自身的平衡稳定性。第二点是力与变形协调问题,小孩摔跤可能最多磕破头皮,而老人摔跤则可能摔断骨头,因为摔跤会有力,会造成一定变形,但小孩与老人骨骼变形大小及协调能力不一样,最终后果也不一样。第三点是变形协调与稳定问题,小孩因为重心不稳,动作不协调,导致自身变形协调与稳定性不够,所以会摔跤。老人也是这样,其核心是自身的平衡稳定性不够。地下工程亦如此,如果某个过程不符合力学规律,就容易造成工程失效事故。

以新奥法为代表的现代施工技术,提出"充分发挥围岩的自承能力"的地下工程建设理念,揭示了围岩既是部分荷载更是部分甚至全部荷载的承载结构,比传统概念仅将围岩作为荷载有很大进步。一般情况下,对于好(Ⅰ、Ⅱ、Ⅲ级偏好)围岩以块体稳定为控制;对于中等(Ⅲ级偏下)以下围岩以变形为控制,因此应区别围岩类别,相应的围岩平衡稳定理念和稳定性分析方法仍有待完善和创新。任何状态,在围岩与支护结构共同作用下,受力平衡状态都应该稳定,避免围岩出现有害变形。好围岩只用局部手段控制块体掉落,差围岩宜先做预支护有益控制整体变形。工程实践中,采用"保持平衡稳定"概念,可以定性判断和初步定量判定地下工程施工安全和质量目标,并且围岩基本平衡稳定也是监控量测的前提;而采用"基本维持围岩原始状态"理念犹如中医"诸病于内,必形于外"和"异病同治",可操作性强并方便掌握监控量测和收敛指标,可以定量判定地下工程施工安全和质量目标。因此,地下工程施工安全和质量的基本目标是"充分发挥围岩的自承能力"、"保持平衡稳定"、"基本维持围岩原始状态"(属于第一层次),而后两者又可作为判定准则(属于第二层次),并且对控制地下工程施工安全和质量目标具有重要意义。

把地下工程围岩稳定的理念作为指导思想,现代施工技术(如新奥法、浅埋暗挖法、挪威法、新意法等)和传统施工技术(如矿山法、太沙基理论、普氏理论等)及适用特殊环境地下工程的其他力学理论和有效工法与辅助手段等,是解决地下工程施工安全和质量目标的，既有独立性、又有统一性的手段或方法，犹如中医“同病异治”，真正做到具体问题具体分析。在现行标准、规范的基础上，必须结合具体情况并根据现存条件进行选用或组合或加以补充，完善后应用或创新发展，并随着施工机械设备、材料工艺等进步而与时俱进（属于第三层次）。因此，任何与生产力相适应的适用工法都可以选择使用，这种选择只涉及经济效益，而最重要的是全过程不能偏离平衡稳定状态。

参与本书编著的人员有：浙江省公路管理局总工程师朱汉华，浙江大学防灾工程研究所尚岳全，浙江科技学院杨建辉。此外，同济大学地下建筑与工程系许建聪，中南大学土木建筑学院周智辉、文颖，武汉交通职业技术学院陈小雄也参与了本书的编著；在本书的编著过程中，编著者还参考了大量文献资料，在此一并表示感谢。

本书着重介绍公路、铁路隧道和城市地铁的钻爆法与盾构法，以成功和失效案例解读地下工程平衡稳定问题与实际处理地下工程问题的道理，采用图文结合，形象说理，方便地下工程建设相关工作人员或研究人员参考。

作　者

2010 年 12 月

目　录

第1章　地下工程平衡稳定概论

1.1　地下工程平衡稳定性概念

1.1.1　平衡稳定性的物理概念

任何一个力学系统都有平衡稳定问题。由于工程结构建设与使用过程中不可避免地存在各种干扰作用(微风、临近建筑物传来的微小振动波、温度变化、荷载微小增长等都是干扰作用),不稳定的平衡不能长期维持。如木板放在水中,平放是稳定的,竖放是不稳定的;火车脱轨、翻车,桥梁和隧道结构破坏(如1994年某悬索桥的动力失稳破坏;2007年某隧道初期支护完成一段时间后坍塌等),通常都是不稳定平衡受到干扰因素作用而失稳。

为了获得对系统平衡状态稳定性较直观的理解,先看两个例子:图1-1a)中的扁平木板平放于水中,在重力 F_G 与浮力 F_M 的作用下处于平衡,受到干扰后,发生偏转,如图1-1b)所示,此时木板在重力与浮力形成的抵抗合力矩 M 的作用下,立即恢复到图1-1a)的初始平衡状态;接着考察木板侧立于水中的平衡状态,如图1-1c)所示,该状态理论上是可以实现的(木板在重力 F_G 与浮力 F_M 的作用下处于平衡),一旦受到干扰,木板在重力与浮力形成的倾覆合力矩 M 的作用下,随即发生倾覆,如图1-1d)所示,木板侧立状态无法实现。

再举一个例子。图1-2a)中,刚性直杆 AB 底端 A 铰接于地基,顶端 B 受水平弹簧支撑于 C 点,在轴心压力 P 的作用下处于铅直状态,弹簧刚度常数为 β。受干扰后,压杆顶点 B 发生微小水平偏移 αL 到 B',如图1-2b)所示,此时压力 P 对 A 点产生了倾覆力矩 $P\alpha L$,使得刚性杆愈发偏离其初始平衡状态;同时,弹簧拉力 $\beta\alpha L$ 也对 A 点形成恢复力矩 $\beta\alpha L^2$,将杆件拉回其初始平衡状态。因此,不难得到:若 $\beta\alpha L^2 > P\alpha L$,则受干扰后,刚性压杆将恢复其初始平衡状态;若 $\beta\alpha L^2 = P\alpha L$,则受干扰后,刚性压杆将保持偏离状态;若 $\beta\alpha L^2 < P\alpha L$,则受干扰后,压杆将倾倒,系统初始平衡状态无法实现。

对地下工程而言,与图1-2刚性压杆平衡状态稳定性分析类似,其施工过程是破坏岩体原始的力学平衡稳定状态,最终达到新的力学平衡稳定状态。应特别指出的是，当 $\beta\alpha L^2 > P\alpha L$ 时，即 $\beta L > P$，虽然可以保证系统处于稳定平衡状态，此时若外荷载 $P(\sum P_i)$ 增加而弹簧支承刚度 β 保持不变，则系统稳定条件 $\beta L > P$ 可能将无法满足，系统随即失稳破坏。因此，外荷载 $P(\sum P_i)$ 增大后，要保证系统始终保持稳定平衡状态，需要增强弹簧刚度 $\beta(\sum \beta_i)$，使系统随时可以提供足够的抗力去平衡外部增加荷载 $P(\sum P_i)$ 的作用。上述原则在地下工程中有许多实例，例如某自然或人工修筑边坡处于稳定平衡状态，当对其进行开挖作业后，施加在边坡上的外荷载将有所增加，倘若开挖后边坡土质紧实，有较好的自承能力，则完全可以抵抗外荷载增加的影响，维持稳定；否则，需要采用一些预支护措施（比如锚索、抗滑桩、管棚支护、合理开挖与支护顺序和措施等），提高边坡的承载能力，防止局部破坏甚至整体垮塌。这与图 1-2 实例通过增强弹簧刚度 $\beta(\sum \beta_i)$、保证外荷载 $P(\sum P_i)$ 增大后系统始终处于稳定平衡状态的道理是一致的。

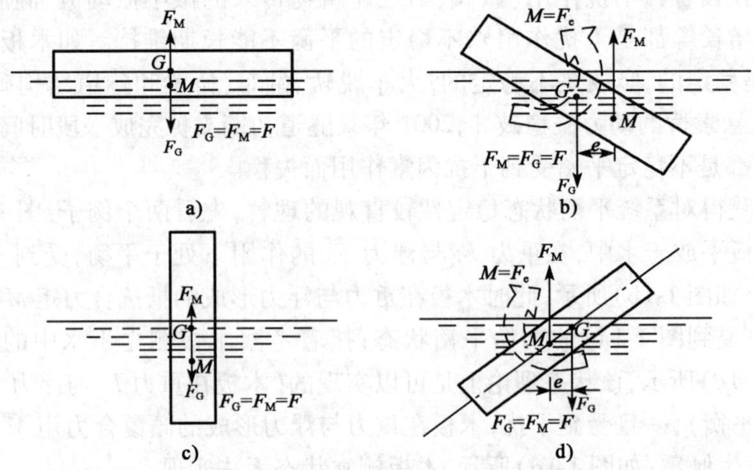

图 1-1　水中木板平衡状态稳定性示意图

a）木板平放初始平衡状态；b）木板平放扰动状态；c）木板侧立初始平衡状态；d）木板侧立扰动状态

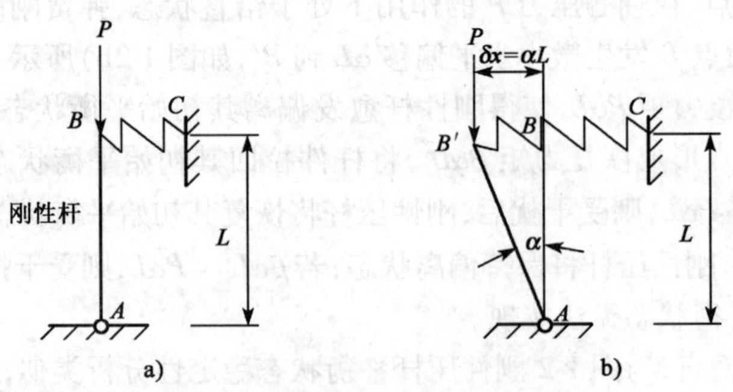

图 1-2　刚性压杆平衡状态稳定性示意图

通过以上两个例子的分析可以发现:系统受到干扰后,系统本身可能表现出两种截然不同的性态,即无论系统怎么被干扰,系统将逐渐恢复到其初始平衡状态,这说明系统初始平衡状态可以持久存在,系统的初始平衡状态是稳定的;或者系统一旦受到干扰,系统将逐渐偏离其初始平衡状态,系统的初始平衡状稍纵即逝,系统的初始平衡状态是不稳定的。由于现实世界中,外界干扰不可避免地存在,因此,系统的平衡状态能经得起干扰(在干扰面前依然"挺立")则是稳定的,反之(干扰一来立即"垮台"),系统的平衡状态不稳定,这就是系统平衡状态稳定性的物理概念。

1.1.2　平衡状态的失稳特征分析

从材料力学我们知道轴心受压杆件丧失稳定的问题。如图 1-3 所示两端铰支的理想直杆,杆长为 l,截面抗弯刚度为 EI,受到逐渐增大的轴向压力 N 作用。当压力 $N < N_{cr}$(临界荷载)时,若受到任意干扰(例如微小的水平力作用),杆件将发生横向弯曲;当干扰撤销后,杆件将恢复到原来的直线平衡状态,此时杆件所处的初始直线平衡状态为稳定平衡状态。当压力 $N \geqslant N_{cr}$(临界荷载)时,若受到干扰,杆件将发生横向弯曲,而干扰撤销后,杆件也不能回到初始直线平衡位置,而在微小或较大弯曲状态下保持新的曲线形式的平衡,甚至使杆件破坏。此时,杆件所处的初始直线平衡状态称为不稳定平衡状态。

通常将荷载达到临界值而使原来的平衡形式成为不稳定的现象称为丧失第一类稳定性。具有这种特征的失稳形式又称为分支点失稳,其轴力 N 与侧向位移 δ 的关系曲线如图 1-4 所示。当 $N < N_{cr}$时,曲线沿路径 I 变化;当 $N > N_{cr}$时,曲线沿路径 II 变化。其中,分支点所对应的荷载为临界荷载,由路径 II 的变形 12 曲线可知,当荷载稍微超过临界荷载时,变形急剧增大,最终导致杆件破坏。

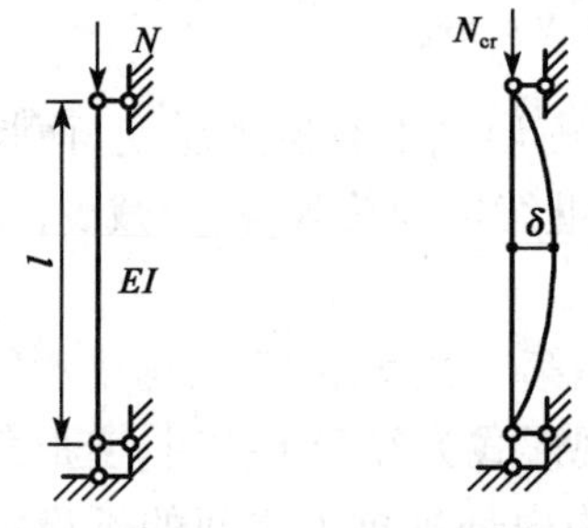

图1-3　两端铰支直杆受压示意图

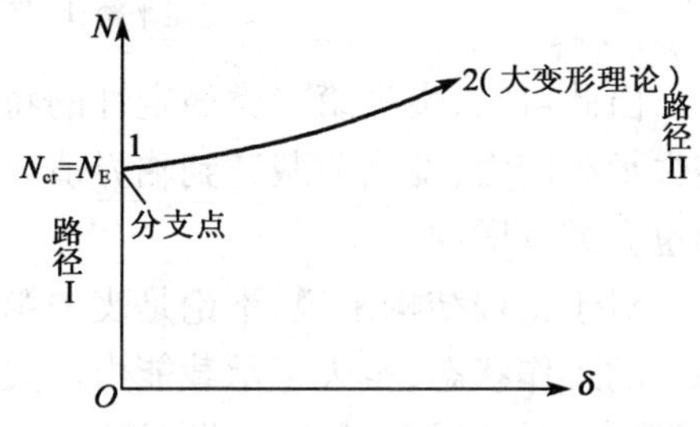

图 1-4　分支点失稳的 N-δ 曲线

从以上实例可知,丧失第一类稳定的特征为:当荷载达到某临界值,原来的平衡形式不是稳定的,可能出现新的、有质的区别的平衡形式;当荷载超过临界值,结构受到干扰后,变形将急剧增加,最后导致结构破坏。

前面分析的压杆为理想中心压杆,其失稳时存在分支现象。如果受压杆件存在初始缺陷(如初始变形、初始偏心等)或有偏心荷载,此时失稳的形式不同于上述第一类稳定。如图1-5a)所示为两端铰支承受偏心压力 N 的直杆。在这种情况下不论 N 值如何,直杆总是同时发生压缩与弯曲。不过当 N 达到临界值 N_{cr} 以前,如果不继续增加压力 N,则直杆的挠度不会自动增加。当 N 达到临界值 N_{cr} 时,即使不增加荷载,甚至是减少荷载,挠度仍会继续增加,此时称直杆已丧失第二类稳定性,也称为极值点失稳,如图1-5b)所示。如果考虑杆件材料的弹塑性性能,其力 N 与侧移 δ 的关系如图1-5c)所示,曲线中没有出现分支现象,当直杆进入弹塑性阶段时,曲线具有极值点 b,一般把 N_b 称为极限荷载或稳定荷载。

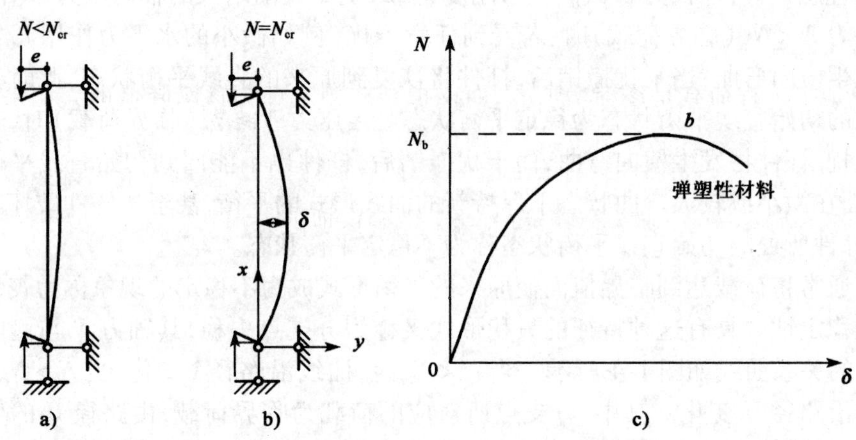

图1-5 两端铰支直杆承受偏心压力失稳示意图

a)稳定平衡;b)极值点失稳;c)N-δ 曲线

由此可知,丧失第二类稳定性的特征是:平衡形式没有发生质变,而是结构丧失承载能力,即当荷载达到临界值时,即使不继续增加荷载,甚至减少荷载,变形也会继续增加。

对于工程结构来说,不论是丧失第一类还是第二类稳定性,结构都不能维持原来的工作状态,丧失了承载能力。失稳的表现形式为经受干扰时,变形急剧增加,导致结构破坏。稳定问题是找出作用和结构内部抵抗力之间的不稳定破坏状态,即变形开始急剧增长的状态,从而设法避免进入该状态。

工程结构受力平衡状态的稳定性问题是普遍存在的,大部分地下工程结构失效是因不满足稳定条件而引起,如隧道塌方、山体滑坡等。地下工程结构承受的荷载是不断变化的，如围岩压力是随着开挖量的增加而不断增加的。同样，结构体系的抵抗能力也是随时间过程而发生变化的，如破碎岩体随着含水率增加、重度增加，抗力会逐渐降低。另外，围岩的渐进破坏现象也使岩体稳定性降低。当隧道、边坡等自身的承载能力不能抵抗其承受的荷载时，隧道、边坡等就会发生失稳破坏，隧道出现塌方现象，边坡出现滑坡现象，其破坏特征均表现为变形急剧增长，与上述杆件失稳破坏的特征一样。另外，在隧道施工过程中，对地表及隧道结构的变形进行实时量测。当量测到变形出现突变时，意味着隧道结构有失稳的危险，必须采取必要的预支护措施，增强隧道结构的抵抗能力，维持系统平衡稳定。从以上分析可知，地下工程破坏很多都是由结构失稳引起的，破坏时均表现为结构变形急剧增长。因此，控制实际工程结构稳定就是要控制结构变形突变，这对预防地下工程失稳具有很强的指导意义。

1.2　地下工程平衡稳定性问题

地下工程荷载是逐渐增加的，而支护结构稳定性是逐渐降低的。如果支护结构不能有效提供抗力增量，以平衡荷载增量，支护结构就会破坏。这样，开挖前必须给围岩或在更大范围提供预支护，同样，开挖与支护顺序和措施与每一步的平衡稳定相关，正确选择就至关重要，以确保地下工程开挖支护过程中每一步的平衡稳定。

在岩体工程中，岩体的稳定平衡状态一般理解为：在岩体工程活动过程中，应力调整达到新的平衡状态，变形不再发展。如边坡工程中，边坡稳定系数大于1.0，并且不会产生滑动破坏（图 1-6）。在地下隧道工程中，围岩稳定时应力达到平衡状态，位移不再发生变化，随时间延长不会产生破坏（图 1-7）。这种稳定平衡状态的判别标准成了分析和解释数值计算结果及监测结果的依据，在岩体工程稳定性研究中得到了广泛的应用。

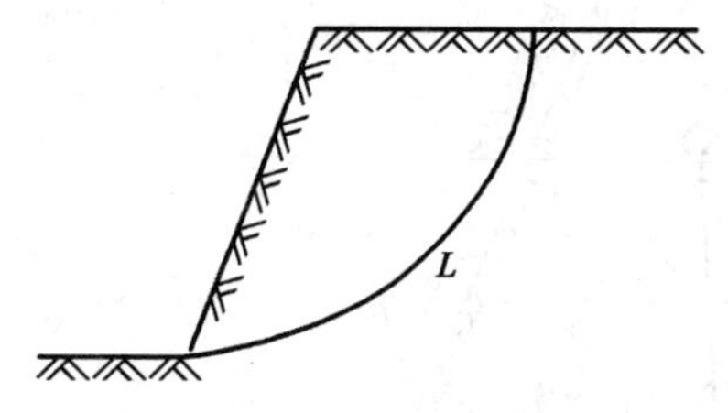

图 1-6　边坡的平衡稳定

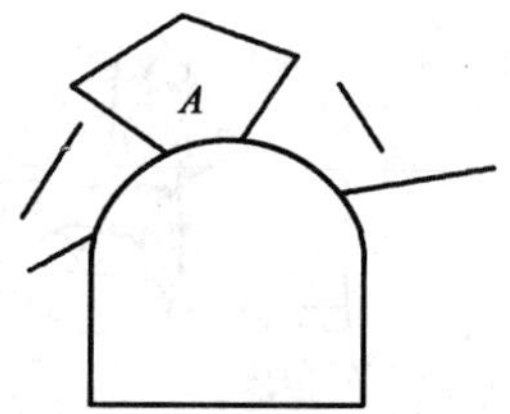

图 1-7　隧道围岩的平衡稳定
（A 为处于稳定状态的分离块体）

大量工程实践表明，岩体工程的变形破坏通常是累进性发展的。岩体结构、强度的不均一性及各向异性导致了岩体内应力分布的不均匀，岩体中某些部位应力集中程度高而结构强度又相对较低，这往往是累进性破坏的突破口。在大范围岩体尚保持整体稳定的情况下，某些应力—强度关系中的最薄弱部位就可能发生局部破坏，并促使应力重分布和新的应力集中，这又引起了另外一些次薄弱部位的破坏，如此逐渐发展，连锁反应，最终可能导致大范围岩体的失稳破坏，比较直观的情况如图 1-8 所示的边坡，当条块 1 产生的下滑力在 L_1 的端部产生应力集中，致使 a_1 发生剪断破坏时，就可能引起条块 2 的破坏，进而引起条块 3 的破坏……最终导致边坡的破坏。

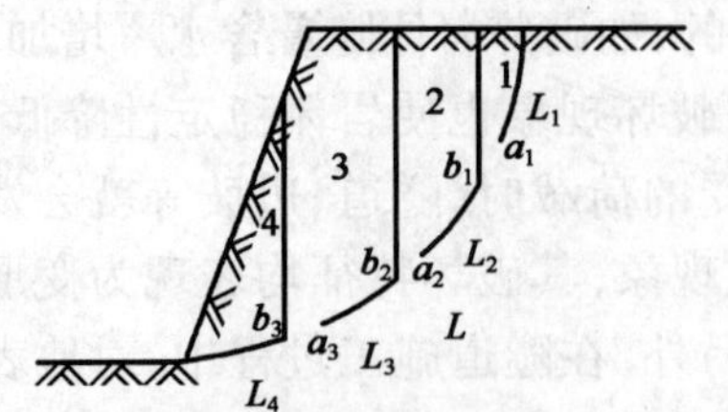

图 1-8 边坡累进性破坏的不稳定平衡

隧道围岩的累进性破坏，既可能首先出现在岩体结构的薄弱部位（图 1-9），也可能由于隧道开挖引起的二次应力集中导致围岩强度不足而首先出现破坏，如图 1-10 所示。

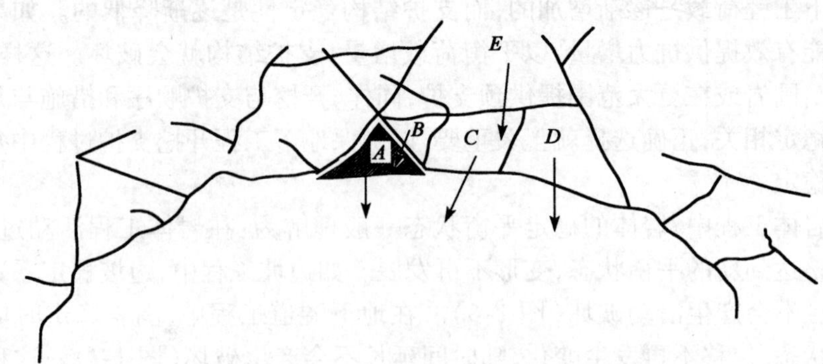

图 1-9 岩体结构薄弱部位首先破坏的累进性破坏发展

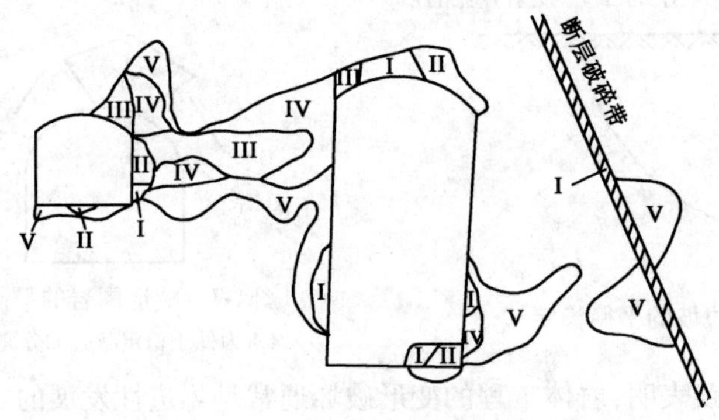

图 1-10 围岩的塑性区发展过程

从图 1-9 可以看出，当隧道开挖形成新的临空面后，如未得到及时支护，块体 A 可能坍落，随后可能引起块体 B、块体 C、块体 D 及块体 E 的坍落。因此，及时进行喷锚支护，限制关键块体 A 的坍落，对保障围岩稳定性具有十分重要的意义。

从图 1-10 中可以看出，最初出现的破坏区 I 范围很小，围岩可保持整体稳定性，但随着破坏区的应力向邻区的转移，依次产生 II、III、IV 及 V 破坏区，围岩破坏累进性地发展到了很大的范围。针对这种情况，如果先行充分加固视为破坏区发展的初始部位，就可减缓围岩破坏的累进性发展过程，并大幅度减小最终破坏区的范围。如图 1-11 所示，在先行加固初始破坏区 I 的条件下，进行与图 1-10 相同模型的计算，结果表明了破坏区范围明显减小。如果先行适当扩大范围地充分加固潜在破坏的薄弱区，则可完全防止围岩破坏的发生和累进性破坏的出现（图 1-12），充分保证围岩的稳定性。

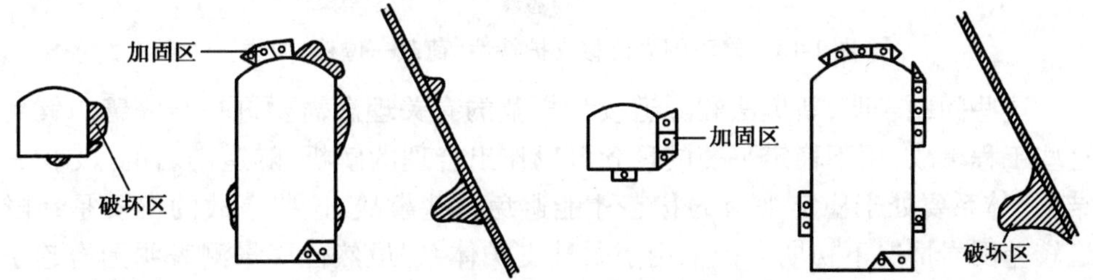

图 1-11　先行加固破坏区发展的初始部位　　图 1-12　先行适当扩大范围充分加固薄弱部

对某隧道围岩拱顶下沉进行监测，得到修正围岩位移支护特性（荷载—位移）曲线（图 1-13）。图 1-13 中，从 A 点起至 B 点，围岩收敛速率趋于零，传统的新奥法理论认为围岩达到稳定，此时可以进行二次衬砌支护。实际工程中，在 B 点二次衬砌还未实施，隧道经历了一系列的扰动作用，拱顶下沉速率相应产生了 3 次急剧变化。经过一段时间后，洞顶坍塌破坏（C 点）。这说明尽管 AB 段围岩位移速率趋于零，但围岩并未实现稳定平衡，属于不稳定平衡。在扰动作用下，隧道围岩可能出现局部薄弱区的破坏，并随时间发展，隧道围岩的破坏过程可能发展为大规模的失稳，这与新奥法的收敛稳定理论不符。也就是说，简单地根据新奥法的收敛稳定理论判断围岩稳定性是存在风险的。

这种现象可用围岩累进性破坏机理解释，即这种不稳定平衡围岩，一旦受到轻微扰动，超过了关键点的强度极限，整个系统就以各个击破的形式产生累进性破坏，导致最终的岩体失稳。但由于不稳定平衡的隐蔽性和偶然性，工程上一般很难发现，只会把其当作稳定平衡体来处理，由此引发工程事故。例如，某隧道已做初期支护并量测收敛，但二次衬砌没有紧跟，导致突然坍塌事故；有些隧道，做好初期支护并量测收敛后再做二次衬砌，过一段时间发现二次衬砌开裂渗漏水。不稳定平衡问题在边坡和桥梁工程中也存在，如有些边坡支护后重新发生开裂或坍塌。

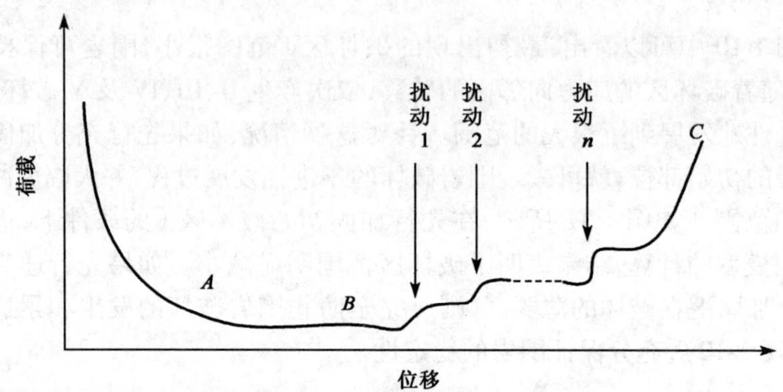

图1-13　修正围岩位移支护特性（荷载—位移）曲线

这些问题表明，新奥法和隧道设计规范的有关理念需要进一步完善。针对这些工程事故，用不稳定平衡的理念可以作出合理的解析：隧道围岩的“支护—结构”体系要处于稳定平衡的状态才能避免这些事故，这些事故的实质是在隧道较差围岩情况下初期支护采用了柔性支护体系，虽然位移量测表明围岩趋于收敛，但其平衡状态是不稳定的，经不起围岩内部调整的干扰和二次施工的扰动。随着时间的推移，围岩内部调整或二次施工引起的荷载增量大于初期支护的弹性抗力增量，这时初期支护破坏并可能造成坍塌事故或将荷载增量转移至二次衬砌，如超过二次衬砌储备强度（即弹性抗力增量与围岩内部调整干扰转移荷载增量相当），就容易造成二次衬砌开裂渗漏水的现象。

1998 年国内某隧道发生砸坏二次衬砌事故；2002 年国内某隧道因水库涨水透过塌方区压裂二次衬砌。这两座隧道经过重新调查研究，在此基础上进行重新设计，至今未出现不良情况。这两起极端情况发生的原因是多方面的，但隧道工程设计、施工和运营中忽视了支护平衡稳定性是其主要原因，应引起各方足够重视，防止同类事故发生。实际上，如果按照王梦恕院士“初次支护要强，承受部分水压和全部土荷载，浅埋和海底隧道则承受全部水荷载和土荷载，保持围岩的自承状态，防止严重的松弛和卸载；二次模筑衬砌作为安全储备”的理念设计施工，也就不会发生许多隧道坍塌事故和二次衬砌开裂渗漏水现象。

以下列出一些地下工程实例（包括成功与失败的实例），以便更充分认识维持地下工程结构平衡稳定的重要意义。

（1）国内某基坑与隧道坍塌事故

工程结构受力平衡状态的稳定条件，必须具备在外界干扰作用下能提供所需的抵抗能力，以抵抗外界干扰，否则就是不稳定的。大量工程结构的破坏，都是由丧失稳定而引起，如图1-14所示的基坑工程塌坍事故中，每个构件的强度基本都没有问题，而是平衡状态丧失。隧道初期支护结构刚度不足，在围岩产生松弛变形和压力不断增加时，若不能及时提供抗力增量，就不能有效阻止围岩松弛过程的发展而导致自承能力下降，也会产生失稳破坏。为防止类似图1-14所示工程失稳破坏事故的发生，隧道或基坑工程应该满足：对于施工过程中的每个步骤，围岩和支护系统都必须满足三维力学平衡与稳定、三维力与变形协调、三维变形协调与稳定。

图1-14　隧道或基坑工程坍塌失稳破坏事故

（2）国内某公路滑坡改造治理工程

某公路改建段，许多滑坡改造治理工程是在不稳定平衡状态下开展的，但采用合理的施工顺序取得了成功。正确的施工方案：如图1-15所示，先做抗滑桩，再拆除木棚，边坡变形处于微压紧密状态，下滑力小，顺利实现了滑坡加固。错误的施工方案：如果先拆除木棚再做抗滑桩，可能会使边坡由不稳定平衡状态转为破坏状态，边坡变形处于松动状态和渗透性增加，恢复稳定需要的抗滑力就会很大。如图1-16所示，T_0为滑面的初始抗滑力，P_0是原先由木棚承担的滑坡下滑推力，如果先行拆除木棚，滑坡就会失稳而发生变形，滑面的抗滑力会下降，滑坡的下滑推力会增加，影响抗滑桩施工安全。两种施工顺序对维持滑坡体与抗滑桩体系受力平衡状态稳定的力相差非常大，有时相差几倍甚至十几倍。因此，采用适当技术措施和合理的施工顺序，对确保工程安全稳定十分重要。

（3）国内某隧道坍塌治理工程

该隧道右洞为三车道单线隧道（图1-17），K58 +450 ~ K58 +490段实际开挖时地质状况为灰色—灰紫色微风化凝灰岩，块状结构，局部碎裂状结构；有一条小断层，走向与隧道中轴线接近平行，宽度为10~20cm，倾向右边墙，断层带中充填少量泥质，受该断层影响，掌子面上和拱顶网格状节理裂隙发育，密集分布，岩石较破碎。

图1-15　某公路改建段滑坡改造治理工程

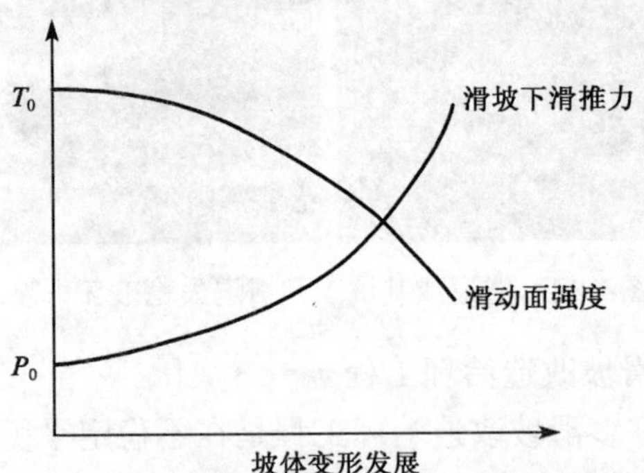

图1-16　滑面强度和下滑推力随坡体变形发展的变化规律

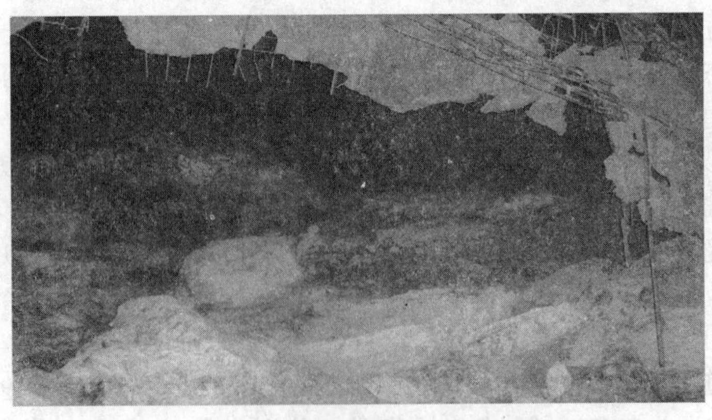

图1-17　国内某隧道发生坍塌事故

实际支护情况:K58 +442 ~ K58 +474 段设计为 II 级围岩,按 II 级围岩施工,无拱架、无仰拱;K58 +474 ~ K58 +490 段原设计为 II 级围岩,后变更为 III 级围岩,采用 1.2m 间距格栅拱架支护,设有仰拱;K58 +490 ~ K58 +510 段原设计为 II 级围岩,后变更为 IV 级围岩,采用大管棚超前支护,格栅拱架间距0.5m,设仰拱。

隧道开挖完成并实施初衬后,隧道围岩的变形稳定,按照有关隧道围岩变形的收敛性判断准则,该隧道是处于稳定状态的。但在经历数月的稳定变形发展过程后,于 2007 年 5 月 4 日上午 5 点 40 分,隧道开始塌方,塌方共延续了三天。塌方初步稳定后,通过对塌方段观察,确定塌方范围为 K58 +455 ~ K58 +490,洞顶的一缓倾节理及右侧一陡倾节理切割该缓倾节理,无明显滴水现象,滑塌范围从洞室左侧拱腰处一直延伸到右侧拱腰处,左侧缓倾节理与右侧陡倾节理相交处滑塌最严重,形成一个三角塌腔,深 4 ~ 8m;塌腔周边和拱顶网格状节理裂隙发育,密集分布,岩石较破碎;通过冒落的岩石来看,岩石成块状,体积较大,节理面有少量泥质。塌方之后陆陆续续有不同程度的掉块、坍塌现象,其中在 2007 年 7 月 8 日掉块较大,塌腔内一凸出的部位全部塌落,最大岩块体积约为 $18m^3$。

塌方险情发生后,有关人员共同察看了现场,分析了塌方的原因,确定了临时加固措施,防止塌方进一步扩大,主要措施如下:

①加强对塌方段观察,塌腔基本稳定后立即实施应急措施;

②加强监控量测,布点观测 K58 +442 ~ K58 +458 段围岩变化;

③临时支护施工,K58 +442 ~ K58 +451.5 段利用现有的格栅拱架做及时支护,间距 0.5m,共 19 榀;K58 +451.5 ~ K58 +458 段采用 I20 工字钢拱架支护,间距 0.5m,共 12 榀;采用 5.5m 中空注浆锚杆,梅花形布置,纵横间距 2.0m × 2.0m;必要时拱架底部、顶部采用工字钢或钢管进行临时横向和竖向支撑。

拟定塌方处理方案:

①加强初期支护,改用 20 号工字钢间距 35cm 进行支护,工字钢之间纵向也用 I18 工字钢进行连接,使初期支护形成一个整体;

②加大二衬厚度,根据设计图纸,分别将 K58 +442 ~ K58 +455 二衬调整为 50cm 厚的钢筋混凝土,K58 +455 ~ K58 +474 为 80cm 厚的钢筋混凝土,K58 +474 ~ K58 +490 为 90cm 厚的钢筋混凝土。

(4)国内某隧道二次衬砌开裂和渗漏水

造成隧道二次衬砌开裂和渗漏水现象的实质是,隧道较差围岩条件下初期支护较弱(柔性支护),经不起围岩内部调整的干扰,其平衡状态是不稳定的。

围岩内部应力调整的荷载增量转移至二次衬砌承担,而二次衬砌强度不足造成了二次衬砌开裂和渗漏水现象(图1-18)。

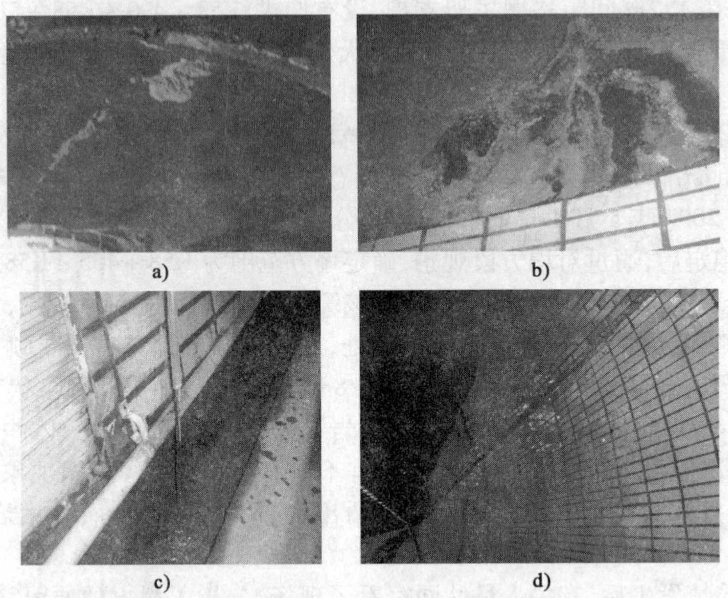

图1-18 隧道二衬开裂和渗漏水

a)二次衬砌开裂;b)二次衬砌开裂;c)隧道渗漏水;d)隧道渗漏水

(5)围岩稳定经典历史工程实例

并非地下工程开挖就会引起围岩破坏。事实证明,许多已建的地下洞室开挖后,即使没有任何支护也保持了长期的稳定,这充分说明了围岩有一定的自承能力。从地道战时开挖的地道、美国田纳西州婆罗洲上的鹿洞等大量历史地下工程建设实例中(图1-19~图1-24),不难看出,只要选择合适的围岩环境、采取适当的开挖工艺和开挖顺序、选取合适的开挖断面,就能保持地下洞室的安全与稳定。

图1-19 地道战开挖隧道示意图

700多年前的重庆钓鱼城蒙古军攻城地道位于钓鱼城奇胜门以北约150m处的山体中，纵横交错的地道宽约1.5m、高约1.0m，用于连接钓鱼城内外，主要由主通道、支道、竖井组成。专家发现，地道剖面呈倒“凸”字形（图1-21），这种形状既节约工时和人力物力，还可以最大化地隐藏伏兵。地下凹进去的一部分可作排水之用，而两边的土台可用作士兵休息的地方。

图1-20　地道战开挖的地道

图1-21　700年前的重庆钓鱼城蒙古军攻城地道

图1-22为郭良隧道。人们在绝壁中凿出一条高5m、宽4m，全长1 250余米的石洞。石洞旁边开有30多个“窗户”，从“窗户”往下看便是万丈深渊。由于岩体完整，无需衬砌，围岩稳定。

图1-22　郭良隧道

图1-23为田纳西州婆罗洲上的鹿洞(Deer Cave),它是世界上已知的拥有最长洞穴通道的洞穴,实际上小路的规模跟乡间小路差不多。裸露的围岩具有长期的整体稳定性。

图1-23　田纳西州婆罗洲上的鹿洞

图1-24是神秘土耳其"地下城"(Cappadocia),地下城堡的房舍按用途规划为卧室、作坊、厨房、武器库、储物室、水井和墓地等。每一层的出入口都设"机关",洞口上方置一个大圆石轮,若有敌情,启动开关,石轮会自动滚下,堵住进口。各层有梯子相连,并挖了数十条竖洞和外逃的秘密出道。每走一段,便会发现一个又深又高的长筒形洞,黑漆漆的不见头尾,但一股股清风呼呼吹来,这是换气孔,以保持洞内有新鲜空气。

图1-24　神秘土耳其"地下城"(Cappadocia)

通过对以上经典历史工程的分析可以看出:地下工程围岩与支护结构系统共同作用符合力学规律(特别是结构强度、稳定、刚度等),合理施工与养护工艺是保障隧道结构强度、稳定、刚度等的基础。

(6)城市地下空间开发的思考

城市地质环境的特点是叠加了强烈的人类改造作用,而且这种改造过程具持续性和相互影响性。随着城市地下空间开发利用规模的不断扩大,深部地层的应力场环境、地下水环境及变形发展空间等因素的原始状态逐渐被改变，城市“地陷”发生概率逐渐上升。

目前，我国城市地下空间开发利用存在多头管理，地下工程开发与施工各自为政，区域性地质环境的相互影响没有得到重视，针对地下工程建设安全问题往往强调局部技术手段。实际上，在不良地质环境条件下，地下工程建设仅利用局部技术手段，不对地面和周边产生任何影响是不可能的，关键在于掌握区域性地质环境对地下工程围岩与支护结构系统平衡状态的影响程度，并将影响控制在允许的范围之内。

工程技术手段仅改变地下工程围岩局部范围内地层的应力场环境、地下水环境及变形发展空间等因素，达到基本维持围岩原始状态，加强和保持围岩的平衡稳定。对于稳定平衡的地下工程，围岩局部范围以外的区域性地质环境应处于原始的自然平衡稳定状态，从而不对环境造成较大的影响。但实际工程中，地下工程建设会产生不可逆的环境影响，显而易见的如改变地下水渗流环境。因此，地下工程建设中，在关注局部围岩变形破坏的工程控制措施的同时，还应关注工程建设对地质环境的影响，即科技创新使得地下工程围岩范围内基本维持原始自然状态和保持平衡稳定，而使地下工程围岩范围以外区域性地质环境维持或回归原始自然平衡稳定状态。这也是地下工程围岩与支护结构系统共同作用保持平衡稳定状态的前提。只有这样，才能既保持地下工程围岩与支护结构系统平衡稳定，又能确保工程建设不对环境产生有害影响。

地下工程围岩与支护共同作用稳定问题，就是围岩自承力与支护结构抗力共同作用足够强大，经受干扰时能持久基本维持围岩原始状态，达到围岩与支护结构共同作用受力平衡状态的稳定。如果支护结构较弱，经不起干扰，使围岩或支护结构产生有害变形或产生塌方等不能维持围岩原始状态，就是围岩与支护结构共同作用受力平衡状态的不稳定。实现围岩与支护结构共同作用受力平衡状态稳定，可直观表现为“基本维持围岩原始状态”，这样便于监控量测。监控量测变形收敛，则结构稳定，而变形均匀增长或加速增长都很危险。一般情况下，对于好（I、II、III级偏好）围岩以块体稳定为控制；对于中等（III级偏下）以下围岩以变形为控制。但是任何状态都必须是围岩与支护结构共同作用受力平衡状态的稳定。

在工程实践中，如何应用平衡稳定概念解决地下工程、边坡稳定等问题呢？如果周围相关环境处于稳定平衡状态，则地下工程、边坡稳定等工程建设就较容易；如果周围相关环境处于不稳定平衡状态，则地下工程、边坡稳定等工程建设就会非常困难，这时采用绕避不稳定平衡体常常是合理的选择，否则只能采用工程措施进行加强处置。应该明确,施工与支护过程的每个步骤,地下工程围岩与支护结构系统,都必须满足三维力学平衡与稳定、三维力与变形协调、三维变形协调与稳定,特别是浅埋和软弱围岩支护结构体系,刚度应大,安全度要有富余,使其处于稳定的工作状态。

1.3 地下工程施工过程的力学特征

在天然条件下,任何岩体均处于一定的初始应力状态。岩体内任何一点的初始应力状态称为原岩应力,可以用垂直应力和水平应力表达:

$$\sigma_v = \sigma_{v0} + \gamma h, \quad \sigma_h = N\sigma_v \tag{1-1}$$

式中:σ_{v0}——初始应力值,可以为零,也可以是其他常数值;

N——侧压力系数;

γ——岩体的重度;

h——上覆岩体的厚度。

由式(1-1)可知,岩体内的初始应力随深度而变化,对具有一定尺寸的地下洞室来说,其垂直剖面上各点的原岩应力大小是不相等的,即地下洞室在岩体内处于一种非均匀的初始应力场中。由开挖洞室引起洞周岩体应力状态发生重大变化的区域局限在洞周一定范围之内,通常此范围等于地下洞室横剖面中最大尺寸的3~5倍(图1-25a),习惯上将此范围内的岩体称为"围岩"。如果洞室规模较小,在洞室的整个影响带内岩体的初始应力状态与洞中心处就比较接近,可按图1-25b)所示的均匀应力场来简化围岩应力的计算。

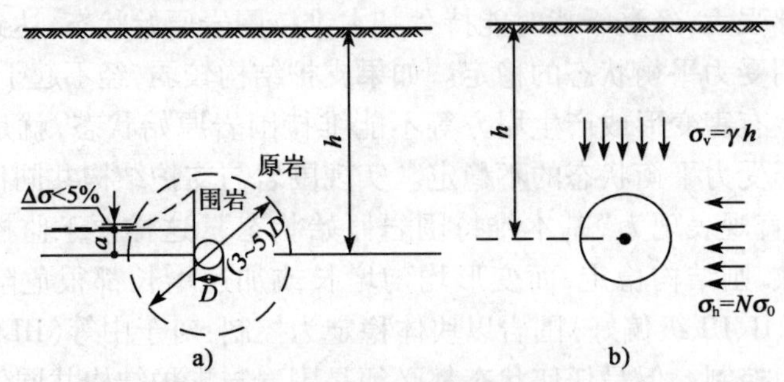

图1-25 围岩及围岩应力场

在岩体内开挖地下洞室后,某个方向原来处于紧密压缩状态,由于围岩变形的发展则可能发生松胀;而另一个方向则可能挤压的程度更大。围岩应力重分布的主要特征是,径向应力向自由表面方向逐渐减小,至洞壁处变为零;而切向应力的变化则有不同的情况,在一些部位越接近自由表面,切向应力越大,并于洞壁达到最高值，即产生所谓压应力集中。在另一些部位，越接近自由表面，切向应力越低，有时甚至于洞壁附近出现拉应力，即产生所谓拉应力集中。

对于均匀初始应力场条件下的圆形洞室围岩应力，如图 1-25b）所示，取 $N=1$，则岩体初始应力为 $\sigma_v=\sigma_h=\sigma_0=\gamma h$。开挖一个半径为 a 的水平圆形断面洞室，采用极坐标方式计算洞室围岩应力（图 1-26）。按照弹性力学求解方法得：

$$\begin{cases}\sigma_r = \sigma_0\left(1-\dfrac{a^2}{r^2}\right) \\ \sigma_\theta = \sigma_0\left(1+\dfrac{a^2}{r^2}\right)\end{cases} \tag{1-2}$$

在初始地应力场为静水式的岩体中开挖水平圆形洞室，由式（1-2）可知，围岩应力 σ_r 和 σ_θ 与极角 θ 无关，而只是极径 r 的函数。依据式（1-2）作出 σ_r 和 σ_θ 与 r/a 的关系曲线，如图 1-27 所示。由图 1-27 可以看出，当 $r=a$ 时，即在洞壁上，$\sigma_r=0$ 为最小，而 $\sigma_\theta=2\sigma_0$ 为最大。随着 r 的增大，则 σ_r 逐渐增大，而 σ_θ 逐渐减小。

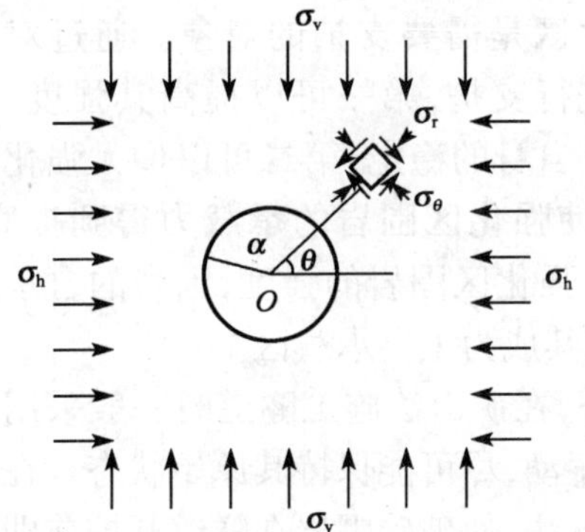

图 1-26　洞室围岩应力计算简图

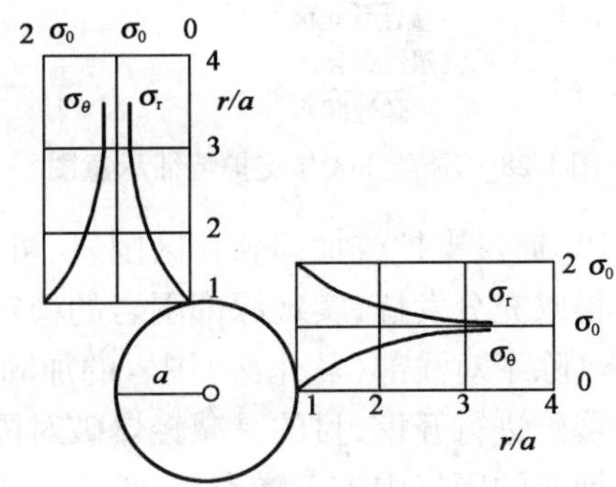

图 1-27　静水式地应力场圆形洞室的围岩应力

深埋条件下，根据普氏冒落拱理论，碎裂介质中的连拱隧道围岩作用于衬砌顶部的压力为：

$$P_v = \frac{2a}{3a_1 f}(3a_1^2 - a^2) \tag{1-3}$$

式中：a_1 ——地下洞室拱跨度的一半；

a——地下洞室底宽。

由式（1-2）和式（1-3）可见：无论单拱隧道还是连拱隧道，隧道围岩应力或结构受力的范围近似解析解均与跨度的平方相关，这说明地下工程施工过程中，二次应力影响区域大小随开挖断面不断增加而增大。同时，地下工程是随开挖面的推进，逐渐由三维应力状态转化为二维应力状态。因此，在较小的二次应力影响范围和基本保持三维应力状态下，及时对围岩进行支护加固，采用合理的开挖和支护方式是很重要的。其核心思想是变大断面为中小断面或增设预支护，达到基本维持围岩原始状态，实现地下工程开挖过程中围岩与支护结构共同作用，达到平衡状态稳定。

隧道开挖后形成了新的临空面，围岩向洞内移动，应力重新调整，从而形成了二次应力。如果围岩的强度能满足二次应力的变化，则围岩是稳定的，否则必须进行支护。在软弱围岩中开挖隧道，如果不对围岩进行适时支护，围岩就会发生破坏。围岩的破坏一般从围岩表面开始，逐渐向深部开展，依次形成塑性软化区、塑性强化区和弹性区，如图 1-28 所示。塑性强化区和弹性区是围岩承载的主体，塑性软化区是需要支护的对象。通过对软化区进行支护，第一可以提高其强度，有利于其自身的稳定；第二可以增大强化区围压，使强化区围岩的承载力得到提高。所以，通过支护或加固软化区围岩，可以提高强化区围岩的强度，围岩的自承能力得以充分发挥，实现深部围岩的稳定，并使其成为主要承载区。

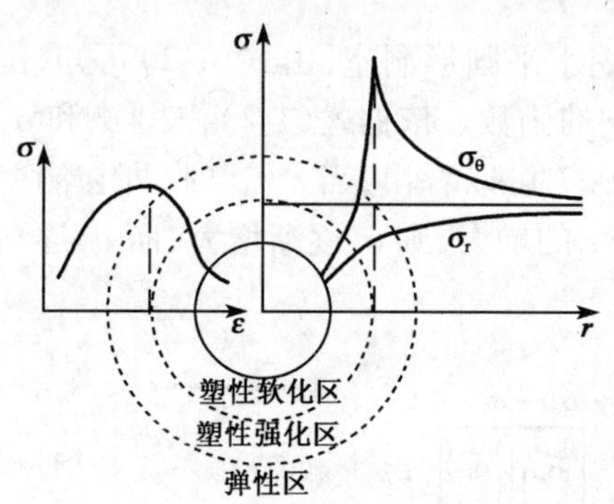

图 1-28　围岩分区与支护特征示意图

除了对浅部（软化区）围岩的加固措施外，在矿山法施工隧道时一般采用光面爆破进行开挖，目的是减轻爆破对围岩的振动，尽可能保持其原始状态。在稳定性差的围岩中施工隧道时，常采用预支护方法，使破碎围岩在隧道开挖前即得到强化，或开挖过程中变大断面为中小断面并及时支护，以控制破碎围岩变形。浅部支护、光面爆破、预支护、变大断面为中小断面等措施，都是工程施工中常用的技术手段，其目的都是尽可能维持围岩原始状态，保持围岩强度，从而保证围岩的稳定。

1.4　地下工程结构构造与施工工艺合理性

人们改造自然时，应该把握主要规律，工程结构要符合物理概念，重点是保持结构稳定性。工程结构构造合理性的构思可以借鉴仿生工程学的知识，关键是工程结构受力应该简单、明确、可靠，基本处于弹性工作状态。工程结构设计、施工及养护全过程必须考虑周围相关环境的共同作用，符合力学规律（特别是结构强度、刚度、稳定等)。合理结构构造和合理施工养护工艺是保障工程结构强度、刚度、稳定等的基础。特别是施工与养护过程中每个步骤或使用过程中每个时段,工程结构(含临时结构或隧道围岩与支护系统)都必须满足三维力学平衡与稳定、三维力与变形协调、三维变形协调与稳定。下面以工程实例来说明地下工程结构构造与施工工艺合理性的要求。

(1)地震隧道震害调查

一般情况下,地震对隧道的危害相对较小,特别是山体地形对称、岩体完整性好等地形地质条件下的隧道破坏比较少(图 1-29 和图 1-30),但通过发震断裂带和不稳定山体的隧道洞段通常会发生破坏,通过斜坡地带和非发震断裂破碎带等不良地形地质条件的隧道破坏也比较多。对于地震高烈度地区,除加强初期支护外,二次衬砌应采用钢筋混凝土结构,有利于隧道结构抗震。

图 1-29　某隧道进口(山体地形对称)

图 1-30　某隧道进口(山体地形对称)与出口(山体地形偏压)衬砌对比

(2)基坑工程问题调查

目前城市地铁车站或地下车库等工程建设中,大部分工程进展顺利,质量安全良好,但也存在部分工程失效或出现安全事故问题。经调查发现的基本现象:凡是地下基坑开挖工艺与支护结构合理,使得围岩与支护结构共同作用受力平衡状态处于稳定,工程进展顺利、质量安全良好;大量破坏现象的发生则是由于不满足整体平衡稳定。如图 1-31a)所示,由于在建地下车库边墙失稳,并受堆填土侧向力作用,PHC 管柱抗侧压能力低导致房屋倒塌。图 1-31b)所示的在建地下基坑开挖工艺与支护结构合理,保证了附近房屋的稳定与安全。

图 1-31　基坑开挖导致房屋倒塌与合理开挖支护保证附近房屋稳定与安全

如图 1-32 所示,某地下火车站一座三层式结构的连通珠三角地区的大型地下铁路客运综合枢纽,通过做好充分的前期准备工作,科学地规划设计和进行风险评估,做好科学的施工设计方案和安全防范事故预案等工作,攻克了许多技术难题,取得了良好效果。

图 1-32　三层式结构某地下火车站

某千洞岛(图 1-33),自汉、唐、宋、清朝千百年以来先人采石形成一千多个类似蜂窝状结构的洞窟,几乎所有洞窟的洞顶都呈拱形,使重分布围岩应力处于受压状态,而岩石的抗压强度较大,保证了围岩的稳定性。

即使是柔性结构也需要足够的整体刚度和局部刚度，以保证结构的稳定性（即维持原始受力状态）；否则，会丧失结构的整体稳定性或局部稳定性，导致结构损毁。

图 1-33　千岛洞拱形与蜂窝形结构符合力学规律

以上工程实例表明：凡是结构构造合理，工程的受力平衡状态在外界干扰作用下能产生需要的抗力增量来抵抗外界干扰作用，就能维持原始受力平衡状态稳定性。

（3）洞室围岩稳定的经典历史工程实例

并非隧道开挖就会引起围岩破坏。事实证明，许多地下洞室开挖后，即使没有任何支护也保持了长期的稳定，这充分说明了围岩有一定的自承能力。从龙游石窟（图 1-34）、黄土高原窑洞（图 1-35）等大量历史地下工程建设实例中不难看出，只要选择合适的围岩环境，采取适当的开挖工艺和开挖顺序，选取合适的开挖断面，就能保持地下洞室的安全与稳定。

图 1-34　龙游石窟洞内形态

龙游石窟是一个地下洞室群，主要由 7 个大型地下洞室组成，个个洞室紧挨着，排列工整，每个洞室均有石阶通向洞底，洞室内的石柱根据洞的大小有 1 ~ 4 根不等（图 1-34），其布局符合力学原理；洞与洞之间的间隔，有些仅 50cm。在这 7 个大型地下洞室群周边 1km 范围内，类似的洞室共有 24 个，而沿衢江北岸还分布着更多的石窟。显然,这是一个庞大的地下洞室群。各洞室均在岩体完整的厚层砂岩中开挖形成,其形状和布置均依据完整性好的厚层砂岩的分布而确定。

黄土的质地均一,层理不发育,富含钙质,具有一定的胶结力、不易崩塌。那些黄土高原自然直立的悬崖和土柱,能长期不倒、不塌。黄土的这些特点,正是建造窑洞的优势(图 1-35)。因此,在黄土高原上修建的窑洞能保持其自身的长久稳定。

图 1-35　黄土高原窑洞布置在地形相对较高的干燥区

通过对龙游石窟、黄土高原窑洞等实例的分析可以看出:地下工程围岩与支护结构共同作用在建设使用全过程在满足三维力学平衡与稳定、三维力与变形协调、三维变形协调与稳定的条件下,能够保持长期的稳定性;否则,会改变原始三维力学平衡形式,甚至丧失平衡稳定性。特别是浅埋和软弱围岩支护结构体系的刚度应较大,安全度有富余,基本处于弹性工作状态。即如果地下工程结构与周围相关环境共同作用,在建设使用全过程符合力学规律,是可以保障地下工程稳定的,如果某个过程不符合力学规律,则容易造成失效事故。反观历史工程实例,可以得出如下结论:虽然古代工匠没有现代力学系统知识,但是其经典历史地下工程与周围相关环境共同作用的构思和建造全过程,均符合现代力学知识,合理建造与养护工艺保证其经典历史工程安全稳定,一般古代工程少有痕迹也许是最好的说明。

第 2 章　隧道围岩稳定理念与思路完善

2.1　隧道围岩稳定分析理念

隧道围岩稳定分析理念是隧道设计理论发展的基础，也是隧道施工技术方案制订的基础。新奥法、浅埋暗挖法、挪威法、新意法等现代施工技术和矿山法等传统施工技术，都是针对不同的地质条件和结构形式，合理保障隧道围岩稳定。正确的隧道围岩稳定分析理念，对隧道结构设计与施工技术方案的选择具有重要意义。

2.1.1　隧道围岩稳定的基本理念

以前介绍现代施工技术（如新奥法、浅埋暗挖法等）和传统施工技术（如矿山法等）时，都是着重介绍各种隧道设计理论和施工技术的适用性和差异性（图 2-1），而较少介绍他们的内在联系和统一性，其实各种隧道设计理论和施工技术都具有统一性和融合性（图 2-2）。

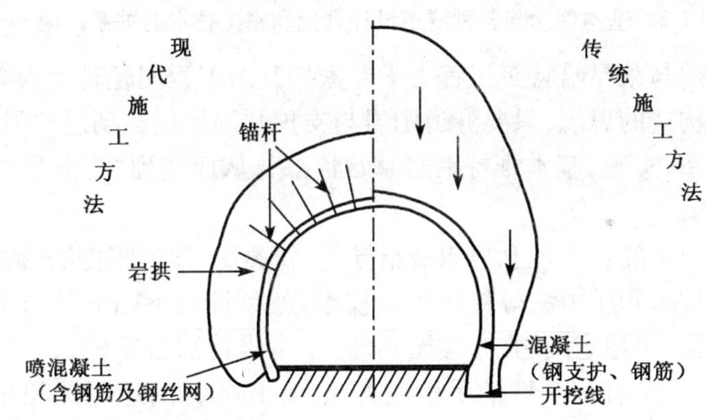

现代施工方法（新奥法、浅埋暗挖法…）：
① 围岩人工预加力看做预支护；
② 充分发挥围岩的自承能力

传统施工方法：
类似地面结构，围岩压力看做荷载由支护承担

图 2-1　两大类隧道设计理论和施工技术比较

通过对现代施工技术(如新奥法、浅埋暗挖法等)和传统施工技术(如矿山法等)的归纳提炼,从单纯数学、力学分析转到根据隧道工程实际采用系统(理论、经验、类比等相结合)分析,可以得出隧道围岩稳定的基本理念,就是"充分发挥围岩的自承能力和有效保障围岩的自承能力"。犹如中医思想就是"要发挥人体的自我健康和痊愈能力"。由于荷载定量关系不甚明确,而变形定量关系是可量测监控的,因此,实践中"基本维持围岩原始状态"更便于工程实践操作,犹如中医"诸病于内,必形于外"和"异病同治"的理念。

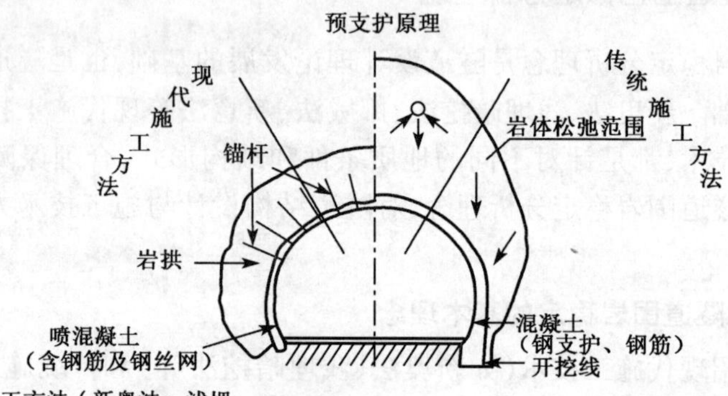

现代施工方法(新奥法、浅埋暗挖法…):
① 围岩人工预加力看做预支护;
② 充分发挥围岩的自承能力

预支护原理:
①围岩自承能力和人工预加力都看做预支护;
②充分发挥围岩的自承能力;
③基本维持围岩的原始状态

传统施工方法:
类似地面结构,围岩压力看做荷载由支护承担

图 2-2 基本理念与各种隧道设计理论和施工技术的关系

借鉴铁摩辛柯与莱昂哈特等工程力学专家把复杂工程问题转化为简单力学问题并注重结构构造的思想,只要隧道围岩与支护共同作用达到足够强大,就能形成稳定平衡体系,实现"基本维持围岩原始状态",从而达到"充分发挥围岩的自承能力"的目的。

在隧道围岩稳定的基本理念思想的指导下,新奥法、浅埋暗挖法、挪威法、新意法等现代施工技术和矿山法等传统施工技术,就是针对不同的地质条件和结构形式,解决隧道围岩稳定问题,并遵循实现"基本维持围岩原始状态"的目标。它们是既有独立性、又有统一性的手段或方法,有其各自的适用性和相互融合性。这些手段或方法的变化和发展随着问题复杂程度的变化而与时俱进。因此,解决具体隧道围岩稳定问题时,只要遵循上述基本理念,根据围岩实际情况综合应用各种隧道施工技术的优势,就可有效解决实际问题。即遵循基本理念、科学实用融合、化繁为简、以简克繁,才是根本目的。其关键就是隧道修建要遵循"经济、适用、合理"的基本理念,根据地质条件和结构形式选用合适手段加固围岩,并使围岩与结构共同发挥最大承载力,实现"基本维持围岩原始状态",达到"充分发挥围岩自承能力和有效保障围岩的自承能力"的目的。因此,任何与生产力相适应的适用工法都可以使用,只涉及经济效益,并不是最重要的;而最重要的是全过程绝对不能偏离而保持平衡稳定。这不但涉及经济效益,而且涉及施工和结构安全。

某穿越古城墙大跨度隧道施工,采用注浆长管棚掩护下的"顶设导坑环形开挖法"的施工技术,将矿山法、新奥法、浅埋暗挖法有机地结合起来,最大限度地减少了围岩变形与拱顶的沉降量,使城墙安然无恙(图2-3)。这就是"遵循基本理念、科学实用融合、化繁为简、以简克繁(具体问题具体分析)"的成功应用实例。

图2-3　某穿越古城墙大跨度隧道

2.1.2　围岩破坏的有限区域理念——普氏理论

普氏理论是早期的围岩压力计算理论,虽然在许多情况下其计算结果可能与实际情况有较大的误差,但其围岩破坏的有限区域理念仍然具有重要意义。

普氏理论又称为自然平衡拱理论。该理论的基本要点是:

(1)由于岩层中存在很多节理裂隙以及各种软弱夹层,破坏了岩体的整体性,裂隙切割而形成的岩块的几何尺寸相对很小,可将岩层视为像砂子那样的松散体,但由于岩块间还存在黏结力,故将岩体看成是具有一定黏结力的松散体。

(2)洞室开挖以后,在其顶部形成压力拱,作用于衬砌上的围岩压力,仅为压力拱与衬砌间破碎岩体的重量,而与拱外岩层及洞室埋深无关。

由于岩体为具有一定黏结力的松散体,因而压力拱最稳定的条件是沿拱切线方向只作用有压力。为了考虑岩石的黏结力,可采用增大摩擦系数的办法来弥补,这个增大了的摩擦系数就是岩石的坚固性系数,或者称为似摩擦系数。在极限平衡时,坚固性系数(似摩擦系数)等于岩石接触面上的剪应力和正应力之比，即：

$$f = \tan\overline{\varphi} = \frac{\tau}{\sigma} = \frac{\sigma\tan\varphi + c}{\sigma} \tag{2-1}$$

式中：f——岩石的坚固性系数；

φ——岩体的内摩擦角；

c——岩体的黏结力；

σ——接触面上的正应力。

通常，对于砂性土，可以认为黏结力 $c=0$，这时似摩擦系数与摩擦系数是一致的。对于岩石来说，坚固性系数 f 值可由岩石的极限抗压强度 R 确定：

$$f = R/100 \tag{2-2}$$

要计算垂直围岩压力，就必须确定压力拱的拱曲形状、拱的高度和跨度。为了求出压力拱形状，从研究压力拱的平衡条件出发，取洞室上压力拱部分，如图 2-4 所示。如果洞室埋置深度很大，则可以忽略横坐标 ox 与拱曲线之间岩石的重量，即拱上岩柱所产生的荷载 q 可以认为是均匀分布的，因此：

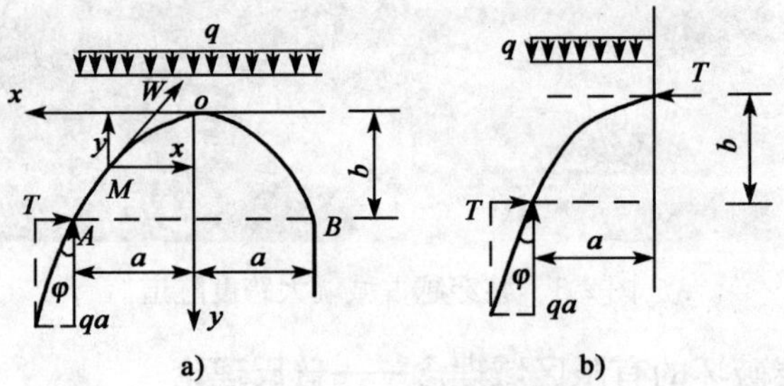

图 2-4　自然平衡拱计算图

$$q = \gamma H \tag{2-3}$$

式中：γ——岩体的重度；

H——洞室埋深。

下面研究左半拱上 oM 段的平衡。根据普氏的第二个基本假设，由于岩体为具有一定黏结力的松散体，故在压力拱的截面内只作用有沿切线方向的压力，而没有剪力和弯矩作用。因此在 M 截面和 o 截面上分别只作用有切向压力 W 及 T，而没有剪力和弯矩作用。根据压力拱 oM 段的力矩平衡方程得：

$$M_{\mathrm{m}} = T \cdot y - \frac{qx^2}{2} = 0$$

即：

$$y = \frac{q}{2T}x^2 \tag{2-4}$$

式中：x、y——压力拱曲线上任一点的坐标；

T——压力拱拱顶截面的水平推力；

q——压力拱上的垂直均布荷载。

式(2-4)就是压力拱曲线的方程，由此可知压力拱曲线为二次抛物线。相应地，可计算出拱的高度和跨度。按照普氏理论，当洞室埋置深度较大时，围岩压力与洞室跨度成正比，与岩石坚固性系数 f 成反比，而与洞室埋深无关。因此，对于围岩的稳定分析与加固，关键就是确定有限破坏区的范围。

2.1.3 围岩破坏的平衡稳定理念——太沙基理论

太沙基理论将地层看作松散体，但它是基于应力传递概念而推导出作用于衬砌上的垂直压力，其核心思想是力的平衡。

假定在深度为 H 的岩体内开挖一跨度为 $2b$ 的矩形洞室。开挖后侧壁稳定，拱顶不稳定，并可能沿图2-5所示的 AB 和 CD 面发生滑移，滑移面的抗剪强度 τ 为：

$$\tau = \sigma_h \tan\varphi + c \tag{2-5}$$

式中：c——岩体的黏结力；

φ——岩体的内摩擦角；

σ_h——水平应力。

设岩体的天然应力状态为：

$$\begin{cases} \sigma_v = \gamma z \\ \sigma_h = N\sigma_v = N\gamma z \end{cases} \tag{2-6}$$

式中：γ——岩体的重度；

N——侧压力系数。

在岩柱 $ABCD$ 中 z 深度处取一厚度为 $\mathrm{d}z$ 的薄层进行分析。薄层的自重力 $\mathrm{d}W = 2b\gamma\mathrm{d}z$，其受力条件如图2-6所示。当薄层处于极限平衡时，有：

$$2b\gamma\mathrm{d}z - 2b(\sigma_v + \mathrm{d}\sigma_v) + 2b\sigma_v - 2N\sigma_v\tan\varphi\mathrm{d}z - 2c\mathrm{d}z = 0 \tag{2-7}$$

整理简化和积分，并代入边界条件 $z=0$ 时 $\sigma_v=0$，得：

$$\sigma_v = \frac{b\gamma - c}{N\tan\varphi}\left(1 - \mathrm{e}^{-\frac{N\tan\varphi}{b}z}\right) \tag{2-8}$$

当 $z=H$ 时，σ_v 即为作用于洞顶单位面积上的围岩压力，用 q 表示为：

$$q = \frac{b\gamma - c}{N\tan\varphi}\left(1 - \mathrm{e}^{-\frac{N\tan\varphi}{b}H}\right) \tag{2-9}$$

对于围岩的变形破坏方式假设，太沙基理论可能过于简化或者有不合理之处，但其力学平衡的分析理念在当前的隧道工程实践中仍具有重要的价值。

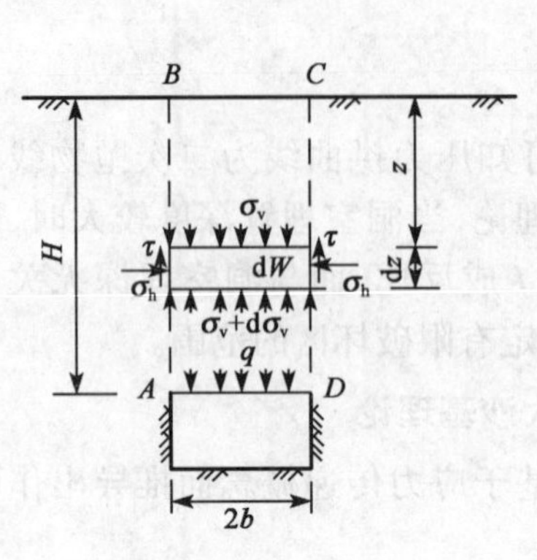

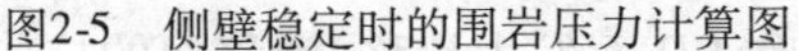
图2-5 侧壁稳定时的围岩压力计算图

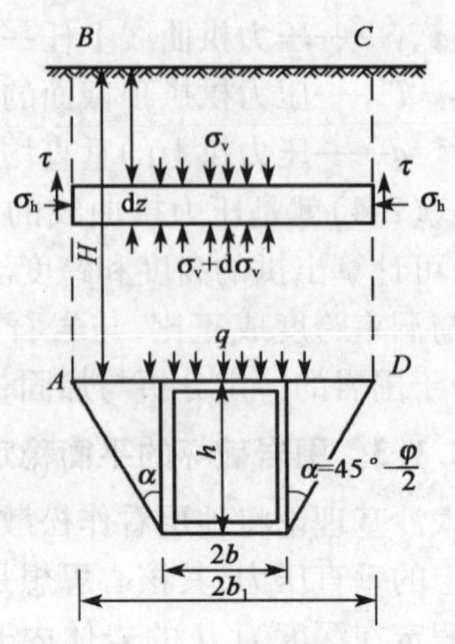

图 2-6 侧壁不稳定时的围岩压力计算图

2.2 隧道预支护原理及其理论拓展

隧道围岩稳定的基本理念:“充分发挥围岩的自承能力、保持平衡稳定、基本维持围岩原始状态”是解决隧道建设的指导思想,属战略层面。正确的思想要在工程实践中得到贯彻实施,需要从战略层面转化到战术层面直至战役或操作层面。隧道预支护原理等则是工程实现的技术方法,属战术(或相关制度和设计与施工技术标准)层面。所有适用的合理施工技术是工程实现的操作方法,属战役或操作(或具体项目设计与施工)层面。在特定参照系中三者是不同层面的统一体。

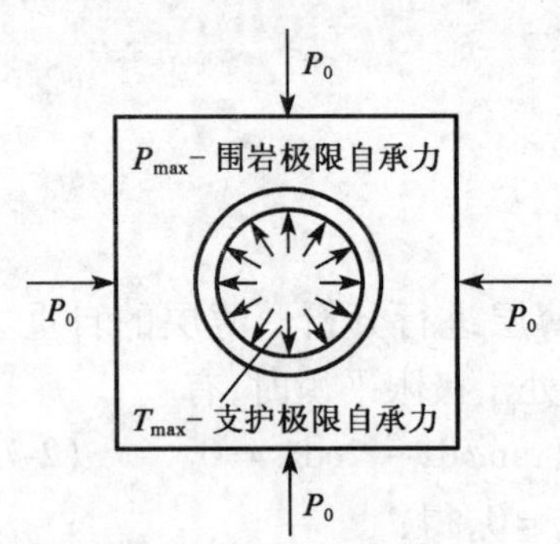

图 2-7 围岩与支护共同作用

隧道施工开挖形成新的临空面,导致洞周围岩在径向上产生应力释放,而远离隧道地层的应力状态并不发生变化。不失一般性,考虑均匀初始地应力场,用P_0表示初始地应力,如图 2-7 所示。从静力学的原理可知,P_0由“围岩—支护”结构体系的承载力来平衡。

定义围岩预支护力 F 等于“围岩—支护”结构体系的承载力,即:

$$F = T_{\max} + P_{\max} \tag{2-10}$$

式中:F——预支护力;

$T_{\max}$——支护极限抗力;

$P_{\max}$——围岩极限自承能力。

因此,隧道预支护力不只是支护结构对围岩的作用力,它是由围岩结构的极限自承能力和支护结构直接对围岩提供的支护极限抗力共同组成的。围岩结构的自承能力可以通过预支护措施和通过采取合理开挖措施得到维持。

当预支护力大于使围岩发生过大变形或破坏的力时,隧道围岩是处于稳定平衡的,称之为隧道预支护原理。根据围岩稳定的一般原理,地应力是使围岩发生变形和破坏的根本动力,使围岩失稳的"力源",因此,隧道预支护原理可进一步表述为:预支护力 F 要始终保持大于隧道施工前保持原始岩体稳定平衡的原始内力 P_0,使围岩处于稳定平衡状态,即:

$$F > P_0 \tag{2-11}$$

隧道预支护的核心就是确保动态平衡,使围岩达到稳定平衡状态。犹如中医"人体养生保健治病必求于本,健康关键在于平衡稳定"。隧道在开挖前处于三维应力状态,围岩本身所具有的极限自承能力是大于原始内力的,围岩处于稳定平衡状态。隧道开挖后,由于临空面的出现,围岩的应力状态发生了调整,径向应力降低,地应力作用和水的重分布作用及工程荷载作用使围岩发生变形,与此同时,围岩内部结构趋于恶化,导致围岩极限自承能力降低,如图 2-8 所示。围岩发挥的自承力是由二次应力状态决定的,是导致围岩移动和破坏的荷载的反作用力。围岩的极限自承能力是围岩发挥自承力的上限值,它既是空间的函数,也是时间的函数。

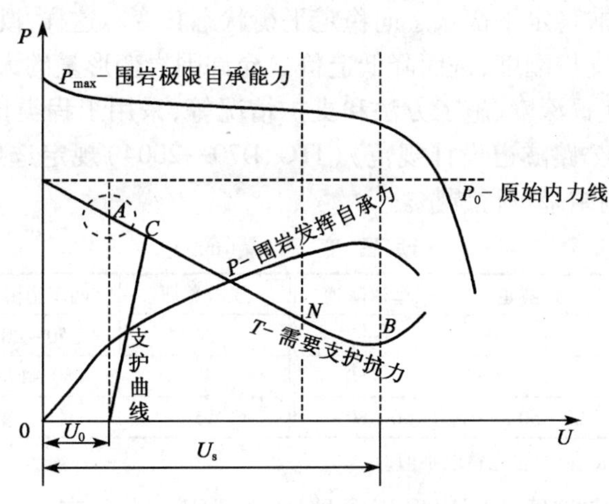

图 2-8　隧道预支护原理的力—位移特征曲线

对于围岩好的情况,隧道开挖后围岩发生了变形,极限承载能力下降,经过一段时间后,围岩内部结构调整完毕,变形收敛,围岩极限承载能力虽然有所下降,但还是大于 P_0,预支护力也大于 P_0,即 $F>P_0$,围岩处于稳定平衡状态,要控制的仅仅是块体掉落。

对于围岩差的隧道,开挖后围岩处于加速变形阶段,在较短时间内围岩极限自承能力将急剧下降并小于 P_0,如果来不及施加支护,预支护力等于极限自承能力,预支护力也小于 P_0,即 $F<P_0$,短时间内围岩就会垮塌。这种情况下,隧道开挖前就要进行超前支护,以提高围岩的极限自承能力;开挖后围岩虽然没有垮塌,但仍处于不平衡稳定状态。因此,初次支护要及时跟上,以提高围岩的预支护力,使 $F>P_0$,围岩处于稳定平衡状态。要控制整体变形,对应西医"检诊量化、药力强效",辅助手段效果和合理施工技术是关键。更具有广泛意义的是处于这两种极端情况之间的围岩。隧道开挖后围岩变形过程可以分为两个阶段,一个是形变压力阶段,另一个是松弛压力阶段。在形变压力阶段,围岩极限自承能力下降,但还是大于 P_0,围岩发挥的自承力随变形增大而增大,围岩的自承能力得到了发挥。所以,在隧道开挖完成初期,要允许围岩发生一定的变形,应及时采用柔性支护。若采用高刚度的支护结构限制围岩变形,支护结构将承受较大的载荷。如果支护刚度过小或支护时机过晚,围岩变形发展到松弛压力阶段时,围岩进入松弛状态,其极限自承能力迅速下降并小于 P_0,预支护力也小于 P_0,即 $F<P_0$,围岩垮塌。

二次支护合理时机的选择是隧道开挖后允许围岩有一定的变形,再进行支护,促使围岩从非稳定平衡状态向稳定平衡状态转变。这样,既可以发挥围岩的自承能力,减小支护刚度,进而降低造价。允许围岩变形量的大小可根据围岩级别、断面大小、埋置深度、施工方法和支护情况等,采用工程类比法预测,当无法预测时可依据《公路隧道设计规范》(JTG D70—2004)规定选用(表 2-1),并根据现场监控量测结果进行调整。

预留变形量(mm) 表 2-1

围岩类别	两车道隧道	三车道隧道	围岩类别	两车道隧道	三车道隧道
I	—	—	IV	50~80	80~120
II	—	10~50	V	80~120	100~150
III	20~50	50~80	VI	现场量测确定	

注:围岩破碎取大值,围岩完整取小值。

总体来说,完整硬质围岩采用柔性支护可用一点状态(如 N 点附近本身就达到 $F>P_0$,对应稳定状态)反映整体状态,而浅埋软弱围岩要用预支护或刚性支护来控制整体状态(即对应图 2-8 中的 A 点附近要预支护或刚性支护才能达到 $F>P_0$,对应非稳定状态)才能反映一点状态;也就是说,稳定状态可用一点状态反映整体状态，而非稳定状态必须控制整体状态才能反映一点状态。

为了说明问题，现结合图 2-8 作进一步解释。隧道刚开挖完成，对于围岩自稳能力好、有一定自承能力的情况，围岩和支护的刚度曲线交点 C（稳定点）应尽量靠近 N 点，使围岩所承受的荷载尽可能大，可采用柔性支护，释放部分原始应力（对应新奥法），应该允许围岩发生少量的变形。对于围岩自稳能力差、自承能力小的情况，则围岩和支护的刚度曲线交点 C（稳定点）应尽量靠近 A 点，要采用刚性支护，控制围岩变形，使支护所承受的荷载尽可能大，实现保护围岩原始应力（对应浅埋暗挖法）。其他情况则介于两者之间，隧道结构设计与施工人员必须熟悉隧道预支护原理，通过理论计算和工程类比法初步确定支护结构，然后采用监控、量测、修正支护结构变形和受力等手段而达到较好效果。为了保持围岩的自承能力，在隧道施工过程中，要尽可能防止岩体松动，防止产生不利的应力状况，尽最大可能保持原始岩体强度。总之，不论哪种情况，预支护力 F 都要足够大，才能使隧道"基本维持围岩原始状态"，而达到隧道"充分发挥和保护围岩的自承能力"的目的，这就是隧道预支护原理的核心。

预支护原理适用于解决一般性隧道工程问题，解释各种设计理论及其施工技术的统一性和适用性问题。对于特殊环境隧道工程问题，除利用已有的太沙基理论、普氏理论及其他适用力学理论外，还需要进行适当拓展。

（1）使围岩应力向深部转移

通过适当支护，使围岩应力逐渐向深部转移，以减轻表部围岩应力集中而导致的变形或破坏。图 2-9 为一天然洞穴，该洞穴高 200m，宽 150m，是符合利用围岩塑性变形使应力集中区向围岩深部转移规律的实例。

图 2-9　天然洞穴（高 200m，宽 150m）

(2)围岩平衡状态的转换过程

隧道围岩的稳定是隧道围岩与支护系统共同作用的结果。如果施工支护过程不合理,平衡状态就会发生转换。当隧道采用预支护而使围岩基本保持原始状态时,有:

$$P_1\cos\alpha_1 + P_2\cos\alpha_2 + T = W \tag{2-12}$$

式中:P_1、P_2——围岩反力;

W——重力;

T——支护抗力(支护抗力 T 尽可能小,符合支护能量最小原理的理念)。

破碎围岩等特殊地质隧道开挖后自稳时间短,易形成冒落,通过施加预支护,预支护结构、初次支护和二次衬砌形成支护结构体系,共同承载。采用浅埋暗挖法或类似软土隧道盾构施工原理的预支护,可以防止松弛坍塌和产生"松弛压力"。但其机理与锚喷支护不同,可参照普氏理论和太沙基理论进行设计。由于破碎等特殊地质围岩自稳能力差,且常常伴有地下水的作用。为安全起见,不考虑围岩的内摩擦角 φ 和内聚力 c 值(即 $c=\varphi=0$)的作用,仅考虑由于预支护而不产生有害松弛的围岩反力 P_1 和 P_2 的作用(图2-10)。

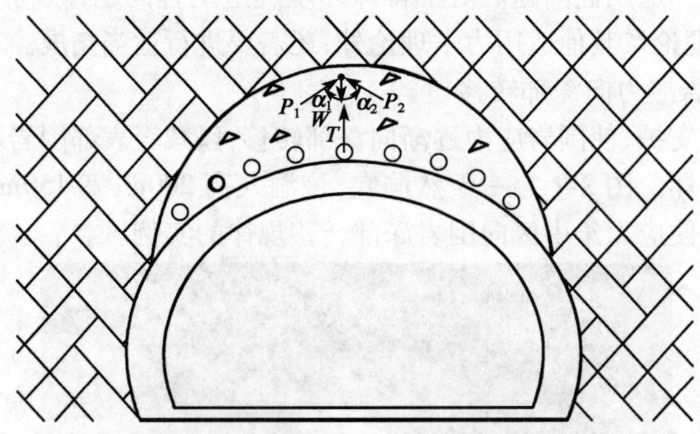

图2-10　特殊地质围岩隧道预支护原理

P_1、P_2-围岩反力;W-重力;T-支护抗力

当隧道围岩没有采用预支护而发生较大松弛或塌方时,则有:$T \leqslant W$。也就是说,对于破碎等特殊地质围岩,必须采用预支护技术才能确保支护结构承受的围岩压力是形变压力而不是松弛压力。同时,施作预支护时也必须考虑预支护的刚度和开挖后喷射混凝土的时间,即时空效应,这些都影响特殊地质围岩的变形,即影响围岩压力的大小和分布情况。因此,选取适当的预支护刚度和喷射

混凝土的时间也是十分重要的。

2.3　预支护原理应用分类

(1)自承能力好的完整围岩

完整围岩自承能力大,可以提供维持围岩稳定所需要的承载力(图 2-11),即使不采取任何支护措施,围岩也能自稳。这类围岩隧道开挖,要允许围岩有一定的变形,因为一定的变形有利于围岩自承力的发挥,就可以提供较小的支护力。在许多省道或县道,为了节约建设成本,直接采用开挖毛洞或只作少量初喷混凝土,充分利用围岩的自承能力来维持洞室的稳定,如图 2-12 所示就是很好的实例。另外,如龙游石窟、西北黄土高原的窑洞、地道战时修建的地道等都属于这种情形,类似挪威法的硬岩 + 喷锚等应用情况。

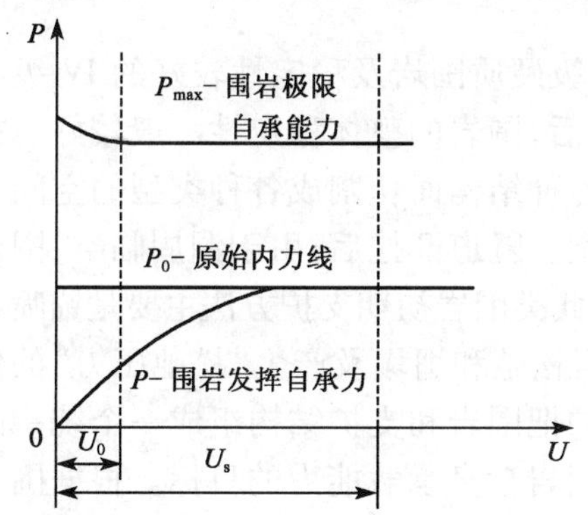

图 2-11　完整围岩的预支护原理曲线

图 2-12　开挖后完全能够自稳的例子

(2)有一定自承能力的围岩

对有一定自承能力的围岩,其预支护原理的曲线如图 2-13 所示,围岩的极限自承能力初期大于原始内力 P_0。隧道开挖后,围岩不会立即松弛垮塌,围岩压力还处于形变压力阶段,围岩处于非稳定平衡状态。随着变形不断增大,围岩内部结构和应力状态在不断地调整,围岩的极限自承能力呈下降趋势而发挥的自承力不断增加,围岩的自承能力得到发挥。支护的目的就是要使围岩从非稳定平衡状态向稳定平衡状态转变,因而支护时机的选择非常重要。从图 2-13 中可以看出,如果支护过早,就不能充分发挥出围岩的自承能力,这时要使围岩从非稳定平衡状态向稳定平衡状态转变则需要的支护抗力就比较大;如果支护太迟,围岩压力由形变压力转换为松弛压力,围岩从非稳定平衡状态转化到失稳状态,围岩发生松弛,容易引起大面积坍塌。图 2-14 就是某隧道中支护太迟所引起的塌落事故。

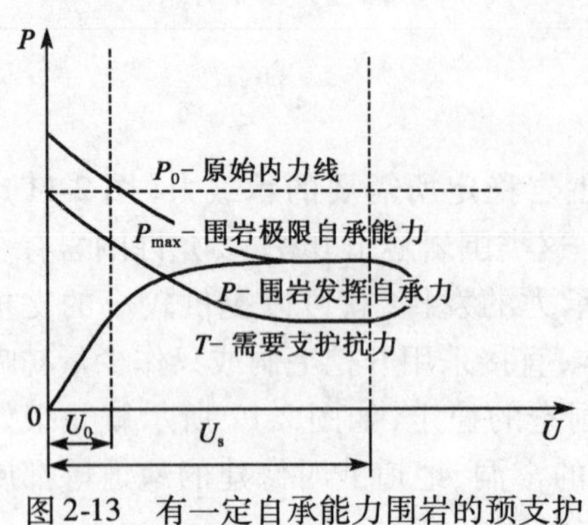

图 2-13　有一定自承能力围岩的预支护原理曲线

图 2-14　支护滞后导致围岩失稳

以上(1)、(2)两种情况,对应Ⅰ、Ⅱ、Ⅲ级硬质围岩及稳定性较好的Ⅳ级围岩,通常为完整程度较好的岩体,洞室开挖后,围岩的整体稳定性一般较好。在此种地质条件下开挖的隧道,由于岩体被各种结构面切割成各种类型的空间镶体,结构面强度成为围岩稳定性的关键因素。隧道开挖后,由于洞周临空,围岩中的某些块体在自重作用下向洞内滑移。此类围岩初期支护方法主要是锚喷支护,起到稳定围岩、控制围岩变形、防止围岩松弛和坍塌及产生"松弛压力"的作用。与传统支护形式的差别在于,锚喷支护把围岩和支护结构组成一个统一的结构体系,通过加强围岩而实现充分利用围岩自身承载能力的目标。根据围岩地质情况的不同,锚喷支护设计理念可分为两种情况:

①对于Ⅰ、Ⅱ、Ⅲ级硬质完整围岩,按《公路隧道设计规范》(JTG D70—2004)确定支护参数即可;

②对于稳定性一般的Ⅱ级和Ⅲ级其他硬质岩石及稳定性较好的Ⅳ级围岩,需采用围岩和支护相互作用理论进行稳定性分析。

(3)自承能力差的破碎围岩或软弱围岩

从图 2-15 所示曲线可以看出,破碎围岩不仅自承能力低,而且在洞室开挖后会迅速下降,围岩形变压力迅速转化为松弛压力,围岩很快进入松弛状态,即很快从非稳定平衡状态向失稳状态转化。所以要求开挖前提供预支护或超前支护,以改善围岩的原始状态而提高自承能力。经过预支护处理的隧道开挖后,围岩仍可能处于非稳定平衡状态,但其自承能力有了较大提高,不会瞬时垮塌,这为初期支护赢得了时间。此类围岩初次支护必须采用刚性支护,而且必须及时;另外,隧道开挖后,由于此类围岩处于比较敏感的非稳定平衡状态,或者说是抗干扰能力差的非稳定平衡状态，初次支护顺序对其状态的改变是非常敏感的，合理地选择支护顺序对其从非稳定平衡状态向稳定平衡状态的转变非常重要。图2-16所示就是某隧道开挖后支护不及时或支护刚度不足所发生的破坏。

根据预支护原理，在二次衬砌施加以前，初次支护与围岩共同组成承载体系，初次支护的承载力是预支护力的重要组成部分，起着重要作用。如浅埋暗挖法要求初期支护是施工期间的承载结构，承受施工期间的主要荷载（土压力、部分水压力）。二次衬砌和初期支护共同承担永久荷载。

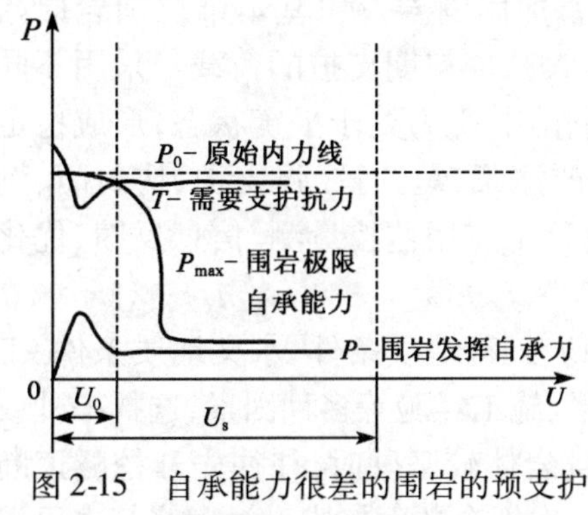

图2-15　自承能力很差的围岩的预支护原理曲线

图2-16　隧道开挖后洞室发生垮塌

保持破碎围岩的初次支护强度，同样十分重要，如某隧道III级围岩洞段坍塌事故的原因就是初次支护强度不足所致，该洞段采用了柔性支护结构形式，初次支护施加一段时间后，喷射的混凝土出现开裂，见图2-17a)，再过一段时间后突然坍塌。这一工程实例说明，在软弱围岩中修建隧道时，设计时遵循"初次支护要强，承受部分水压和全部土荷载，而浅埋和海底隧道则承受全部水荷载和土荷载，二次模筑初砌作为安全储备"理念的合理性。

a)

b)

图2-17　初次支护破坏情况

a）坍塌引起掌子面岩体突入洞内；b）坍塌事故的工程处置

在Ⅳ、Ⅴ级破碎围岩条件下，分部开挖是大断面隧道、连拱隧道、小净距隧道常用的施工方法。如破碎围岩隧道施工时，围岩容易冒落，导致衬砌荷载的显著增大。理论研究表明，通过分部开挖，缩小单次开挖断面，可以降低围岩应力集中程度，减少围岩吸收的变形能，实现开挖后围岩在短时间内能够保持稳定，为施加支护创造了有利条件。

Ⅳ、Ⅴ级破碎围岩宜采用浅埋暗挖法施工，其实质是初期支护按承担全部基本荷载设计，二次模注衬砌作为安全储备，初期支护和二次衬砌共同承担特殊荷载。采用多种辅助施工技术、超前支护、改善加固围岩，在"基本维持围岩原始状态"条件下，将围岩松动圈变成承载圈，大大减少初期支护的荷载。采用不同开挖方法及时支护并封闭成环，与围岩共同作用，受力处于平衡状态，形成稳定的联合支护体系。其要点概括为"管超前、严注浆、短开挖、强支护、快封闭、勤量测、速反馈"的21字施工原则。在施工过程中应用监控量测、信息反馈、优化设计，实现不塌方、少沉降、安全生产与施工。

浅埋暗挖工程施工中，应根据不同的围岩工程地质条件、水文地质条件、工程建筑要求、机具设备、施工技术条件与水平、施工经验等多种因素，选择一种或多种行之有效的施工方法。当围岩较稳定且岩体较坚硬时，往往先开挖隧道断面，然后修筑支护结构，有条件时可以争取一次把全断面挖成。衬砌修筑也可以先修筑边墙，之后再修筑拱圈，即为采用先墙后拱法施工。当围岩稳定性较差时，则需要边开挖、边支撑，防止围岩变形及产生坍塌；开挖完成后，及时修筑永久性支护结构，尤其是隧道顶部的支护十分重要。一般在上部断面挖成后先修筑拱圈，在拱圈的保护下再开挖隧道下部断面，即称为先拱后墙法。总之，在选择施工方法时，要根据各种工程因素分析，并结合地质条件变化的实际情况，采取有效的施工方法。

(4)特殊环境隧道开挖问题

需要说明一点，预支护原理是针对一般性隧道工程问题提出的，解释各种设计理论及其施工技术的统一性和适用性问题。对于特殊环境隧道工程问题，除利用已有的太沙基理论、普氏理论及其他适用力学理论外，还需要适当拓展。下面以某地二级水电站引水隧洞、深埋大变形隧道治理等为例简要说明。

①某地二级水电站利用150km雅砻江大河湾的天然落差，截弯取直开挖隧洞引水发电。该水电站具有世界上规模最大的水工隧洞，工程难度主要体现在4条长约16.6km引水隧洞的设计和施工上。引水隧洞开挖洞径12m，衬砌后洞径11m。隧洞一般埋深为1 500～2 000m，最大埋深达2 525m。即使不考虑构造应力影响，对于埋深达2 525m的洞段，仅上覆岩体自重应力就达到68MPa。如

果按弹性力学理论计算,即使仅考虑隧洞开挖引起 2 倍应力集中,洞壁围岩的最大应力就将达到 136MPa。引水隧洞围岩以大理岩为主,抗压强度仅为 80 ~ 120MPa。因此,围岩应力将超过岩块的抗压强度,而岩体强度还远低于岩块的强度;同时,引水隧洞围岩中局部还存在超过 1 000m 的外水压力。因此,该电站深埋长大引水隧洞开挖引起围岩较大范围的塑性破坏是在所难免的。

针对超高的地应力场环境,允许围岩产生一定范围的塑性破坏是必然的选择。支护设计和施工控制的基本要求是:因势利导,控制塑性变形区域的扩展不出现有害的后果,利用围岩塑性变形降低围岩应力的集中程度,并使应力集中区向围岩深部转移,有利于减小支护结构的受力水平(实际上,日本海底钻探 7 000m深地层就是如此);或借鉴经典历史工程的构思和建造全过程均符合现代力学知识的做法。例如,某地双河溶洞目前已探明长度约 117km,是一个由上百支洞和多条地下河构成的喀斯特溶洞,也符合利用围岩塑性变形使应力集中区向围岩深部转移的规律等。无论选用怎样的施工技术,一个共同的目标就是要用最经济的手段维持隧道围岩的稳定,保证洞室的安全施工,即施工与养护过程中,每步骤或使用过程中每时段,地下工程围岩和支护系统都必须满足三维力学平衡与稳定、三维力与变形协调、三维变形协调与稳定。

②国内外典型深埋大变形隧道治理的措施见表 2-2。

大变形隧道工程施工措施 表 2-2

序号	工程名称	岩层	主要措施							
			预留变形量(mm)	强预支护	(超)短台阶	初次支护	及时施加二衬	仰拱	治水	其他
1	修复1号隧道	膨胀性凝灰岩		—	—	加厚喷层,6m长锚杆,增大锚杆密度	—	√ 加临时仰拱	√	二衬加筋
2	修复2号隧道	破碎,高应力	500	—	—	加厚喷层,9 ~ 13.5m 长锚杆,可缩式钢加	√	√	—	—
3	3 号隧道	断层带,高应力	400	√	√	喷层 200mm,复喷 150mm,6m长锚杆,加 I20钢架,锁脚锚杆	√	√	—	加强监测
4	4 号隧道初次支护	千枚岩	—	√	—	喷层 250mm,4(拱) ~ 6m(墙)注浆锚杆,架设 H175 钢,架金属网	—	√	—	加强监测横向钢管支撑

续上表

序号	工程名称	岩层	主要措施							
			预留变形量(mm)	强预支护	(超)短台阶	初次支护	及时施加二衬	仰拱	治水	其他
5	5号隧道	高应力,强度低	拱450,墙250	√	√	喷层250mm+150mm,8m长锚杆,可缩式钢架	√ 25mm+55mm		—	—
6	6号隧道修复初次支护	高应力,低强度	300	—	—	喷层250mm,锚杆注浆,施加20b型钢钢架,加锁脚锚杆	√	√	√	二衬厚度800~1 000mm
7	7号隧道修复初次支护	低强度	拱400,墙250,底部200	—	—	喷层240mm,锚杆注浆,施加I16工字钢钢架,底部加强	二衬强度刚度增大	—	√	增加临时支撑
8	8号公路隧道	泥岩,断层破碎带	500~800	√	√	6~8m锚杆,加密,U型钢可缩钢架,仰拱处加锚	√ 二衬设双层钢筋网	√	—	仰拱配筋并与墙筋连接

从表2-2可见,对大变形隧道要采取综合措施才能取得成功,主要技术措施如下:

①隧道掘进断面要预留足够的变形量,允许围岩产生一定的变形;

②通过强预支护或锚注支护强化围岩,提高围岩自承能力;

③采用短台阶法或超短台阶法施工,增加临时仰拱或临时支撑,用喷层及时封闭围岩;

④强化初次支护,采用加长和加密锚杆、增厚喷层、增设底板与脚部锚杆、架设可缩钢架等组合技术,使围岩在较强的初次支护作用下发生可控的位移,起到卸压和向深处转移二次应力的作用;

⑤二次衬砌通过增厚或加筋使其得到强化,并及时对围岩施加高强度的支护,促使围岩稳定;

⑥加强治水,尤其对膨胀性软岩。

大变形围岩按照《公路隧道设计规范》(JTG D70—2004)可以按 VI 级围岩处理,该级围岩属于软塑状黏性土及潮湿、饱和粉细砂层、软土等。当遇到这种岩层时,由于岩体变形比较大,应采用先柔后刚的双层初期支护形式,如图 2-18 所示。一层柔性支护使围岩有一定的变形,发挥围岩的自承力,使塑性区得到一定的发展,以完成适度的岩体应力释放和卸压作用,但必须保持岩体不至失稳。另一层刚性支护,来控制变形,以免变形过大。这两层支护共同提供支护抗力,来保持围岩的稳定,具体施工技术同上面 V 级围岩介绍的四种施工技术,做好一次柔性支护(3 ~ 10m)后,隔适当距离(5 ~ 20m),根据量测反馈及时做好刚性支护,控制围岩变形,达到基本维持围岩原始状态的目的,如图 2-19 所示。

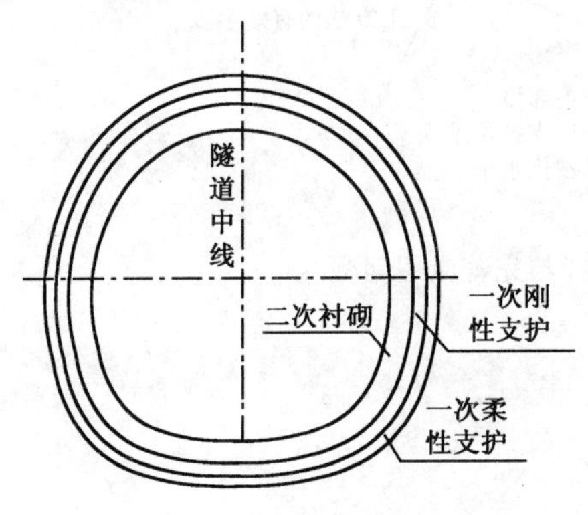

图 2-18　VI 级围岩衬砌情况

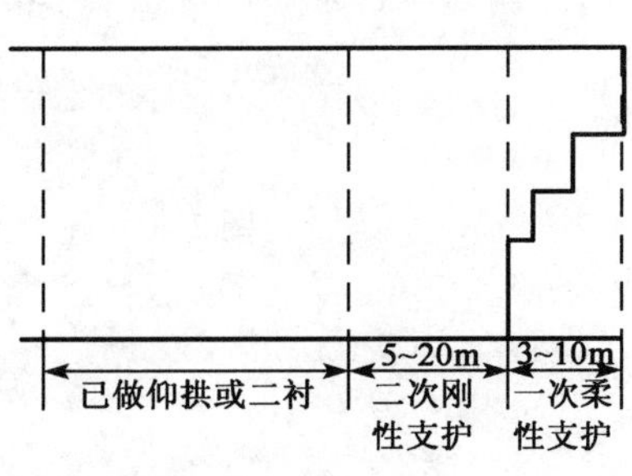

图 2-19　VI 级围岩施工示意图

2.4　施工方法选择与思路的完善

由于对不稳定平衡问题认识不足,对预支护与围岩自承能力相互关系理解不够,施工方法选择不当,加之二次衬砌荷载缺乏合理计算依据,目前隧道围岩破坏事故仍然较多。因此,隧道的设计和施工水平有待提高,以满足地下工程施工安全和质量控制的目标,达到“充分发挥围岩的自承能力”、“保持平衡稳定”、“基本维持围岩原始状态”的要求。

如图 2-20 所示,现代施工技术(如新奥法、浅埋暗挖法、挪威法、新意法等)和传统施工技术(如矿山法、太沙基理论、普氏理论等)及适用特殊环境地下工程的其他力学理论和有效工法与辅助手段等,都着眼于解决地下工程施工安全和质量目标,他们是既有独立性、又有统一性的手段或方法,犹如中医“同病异治”。实践中要真正做到具体问题具体分析,在现行规范的基础上,结合具体情况并根据现存条件，进行施工方法的选用或加以补充、完善后应用，在实践中创新发展，并随着机械设备、材料工艺等进步而与时俱进。

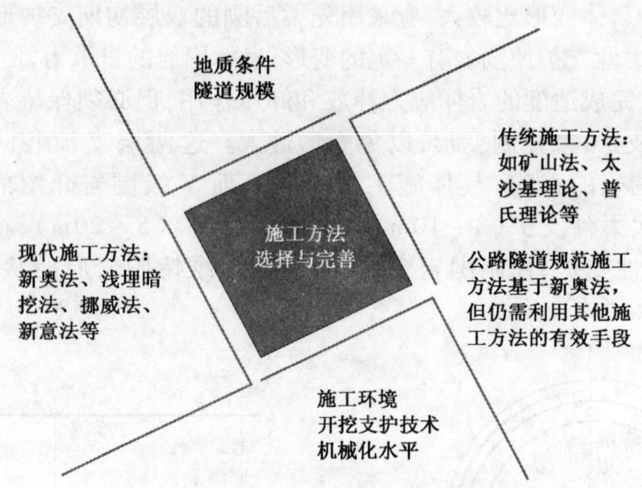

图 2-20　施工方法选择与完善应用问题

第3章　地下工程施工技术合理选择

3.1　地下工程施工技术合理性判别原则

地下工程施工是在有原始应力场的介质内构筑结构，即“先有荷载，后有结构”。地下工程结构的受力不甚明确，岩体破碎程度、含水率、开挖方法、支护时间、支护刚度等对结构受力影响很大。设计是以工程类比为主、计算为辅，实行动态设计。因计算分析结果只能定性不能定量，地下工程围岩和支护衬砌变形及受力状态的监控量测就显得十分重要。

每一种地下工程施工技术都不是万能的，都有各自的适用条件，必须根据围岩类别选用不同的施工技术或补充完善。即使同一级围岩，由于所处工程地质环境的差异，岩体完整程度也不是完全相同的，选用的施工技术也是有差别的。无论选用怎样的施工技术或综合其他施工技术，一个共同的目标就是要用最经济的手段维持地下工程围岩的稳定，保证洞室的安全施工。其关键就是科学实用融合、化繁为简、以简克繁，即地下工程围岩与支护结构的共同作用，在施工过程中，都必须满足三维力学平衡与稳定、三维力与变形协调、三维变形协调与稳定。

地下工程施工安全和质量的基本目标是“充分发挥围岩的自承能力”、“保持平衡稳定”、“基本维持围岩原始状态”。对隧道开挖施工过程而言，“基本维持围岩原始状态”、“保持平衡稳定”又可作为判定准则。在选取施工技术时，应遵循的基本原则如下：基本维持围岩的原始状态和充分发挥围岩的自承能力，达到全过程的平衡稳定，使地下工程开挖与支护过程消耗能量最小。上述原则虽然理论上与目前采用的地下工程施工方法没有大的差别，但看问题的出发点不同，特别是在施工技术判别方面。在实际应用中，现代施工技术是用各点的变形和平衡来反映整体问题，不便考虑突变问题，存在工程安全隐患。而较好的地下工程设计理论和施工技术是控制整体变形和各点平衡稳定，即使产生局部变形突变也不会影响整体稳定。任何有效理论与施工技术都必须措施有效，并且与当前生产力水平相适应。

(1)基本维持围岩原始状态

以新奥法等为代表的现代施工技术的核心是充分发挥围岩的自承能力，这一提法从力学角度提出了保持围岩稳定的思路。决定围岩稳定性的关键是围岩与支护系统共同作用达到稳定平衡。在实际工程中,由于岩土介质和地质与水文条件的复杂性、岩土特性的不均匀性,施工过程中,围岩力学性能随时间、空间发生变化,岩体物理力学参数有很大的不确定性;又由于构造应力等复杂因素影响,围岩的初始应力场具有不均匀性,地下工程开挖后围岩应力会重分布,特别是在塑性区,围岩的应力还会产生转移。因此,对围岩应力的集中区分布、围岩稳定性可能出现突变点位置的把握是十分困难的;如果用量测手段来控制,存在量测精度、量测点不好掌握等问题,更无法用应力控制手段实现围岩的稳定性判断。而新修订的《公路隧道施工技术规范》(JTG F60—2009)1.0.3 条规定:应通过监控量测调整支护参数,控制围岩变形,充分利用围岩的自承载能力。其中,必测项目为:①地质及支护状况观察描述;②地表沉降观测;③拱顶下沉量测;④围岩周边位移量测。

在围岩稳定性评价中,关键是要控制变形异常,对 I 级、II 级和 III 级偏差围岩主要控制块体掉落和块体的稳定平衡,而 III 级偏差围岩及 IV 级、V 级和 VI 级围岩主要控制变形协调、不产生有害变形导致坍塌和丧失稳定平衡。

基本维持围岩原始状态的理念,直接面对围岩的稳定和平衡,从整体稳定的视角出发,既是保持原有围岩与支护系统共同作用达到稳定平衡和控制变形异常,又是充分发挥围岩自承能力的充分必要条件。因此,工程实践中,“充分发挥围岩的自承能力”和“基本维持围岩原始状态”两者理念相同,而“基本维持围岩原始状态”理念便于实践应用并控制围岩稳定。

(2)保持平衡稳定

地下工程围岩变形是岩体内能量的释放过程,监控量测的重点是关注突变值(即异常变形或状态),最终变形值以规范规定值控制,可能出现有害变形时就需及时加强支护。正像体质差的人,小毛病容易引起并发症;反过来说,体质差的人,就应该预防和严控小毛病才有利于身体健康。同样,环境条件差时,小问题也需要及时控制,比如在青藏高原感冒了就要赶紧打吊针治疗,否则易引起肺水肿很难救治。结构体系也是如此,如 2004 年 5 月 23 日某机场顶棚坍塌事故,就是因薄壁钢结构局部失稳引起整体失稳,如图 3-1 所示,拱形顶棚中的一个弧度结构出现了折痕,而弧度结构上的裂痕使这个构件逐渐穿过了顶棚,不能支撑数十吨重的顶棚,最终导致拱形顶棚发生坍塌。

因此,在处理围岩稳定性差、地下水丰富等特殊地质条件的地下工程围岩稳定问题时,应该借鉴上述思路,条件许可时尽量强化围岩,施工中必须灵活应用小断面开挖和空间支护系统(图 3-2),确保预防和严控地下工程围岩局部破坏或失稳引发隧道整体失稳（大面积塌坍或严重变形等）。

图3-1 2004年5月23日某机场顶棚坍塌

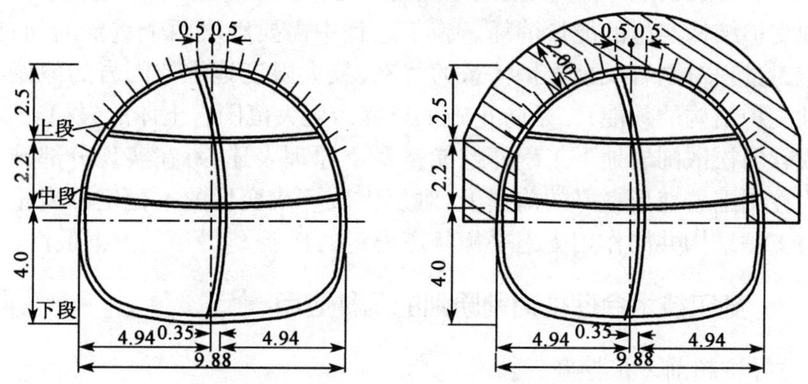

图3-2 小断面开挖和空间支护体系（尺寸单位：m）

（3）开挖能量最小原理

土质或软弱松散围岩地下工程施工中，常采用分部施工留核心土法、CD法（中隔墙法）、双侧壁导坑法（眼镜法）、CRD法（交叉中隔墙法）等施工技术，这些施工技术基本无需或只需少量爆破，常采用机械和人工开挖施工；石质地下工程目前主要采用钻爆法施工。这两种地下工程施工过程消耗的能量E，都可表达为三部分：

$$E = E_1 + E_2 + E_3 \tag{3-1}$$

式中：E_1——破碎地下工程断面内岩体与抛掷碎石的耗能或机械和人工施工的耗能，是有效耗能；

E_2——对围岩和预支护结构扰动及维持围岩与支护结构共同作用受力平衡的耗能；

E_3——其他耗能，其量值小，一般可忽略不计。

石质地下工程施工中，实施爆破需要解决两个同等重要的问题：一是用最有效的方法将地下工程断面内的岩石适度破碎，并将碎石适度抛掷；二是降低爆破对围岩的扰动，最大限度地维持围岩原始状态，以有利于地下工程的长期稳定。开挖能量最小原理可表述为：在实现爆破效果良好的前提下，对围岩及预支护结构扰动耗能 E_2 最小的施工开挖方案最优，对围岩扰动最小。

土质或软弱松散围岩地下工程施工中，采用分部施工留核心土等施工技术，其核心是控制围岩变形，以实现基本维持围岩原始状态的目标；否则，地下工程围岩局部失稳破坏会诱发更大范围围岩失稳破坏。对此种情况，保障地下工程建设消耗能量最小的基本要求是防止围岩产生大范围的破坏。当围岩发生破坏后，重新实现围岩稳定所需做的功将远大于预支护维持围岩稳定所需做的功。因此，采用直接机械和人工开挖的方式施工地下工程，主要的能量消耗是洞体开挖和预支护结构实施的能量消耗。施工过程中需要解决两个重要的问题，一是降低施工过程对围岩及预支护体系的扰动，最大限度地维持围岩的原始状态及发挥预支护结构的效能；二是防止施工过程产生大范围岩土体的失稳。因此，对土质或软弱松散围岩地下工程开挖能量最小原理表述为：在实现分部施工及支护结构控制围岩变形良好的前提下，对发生破坏或变形的不稳定围岩重新维持围岩与支护结构共同作用受力平衡状态稳定的耗能 E_2 最小的方案最优。

3.2 施工技术合理性判别原则的几种应用

(1)导坑超前＋扩挖施工技术

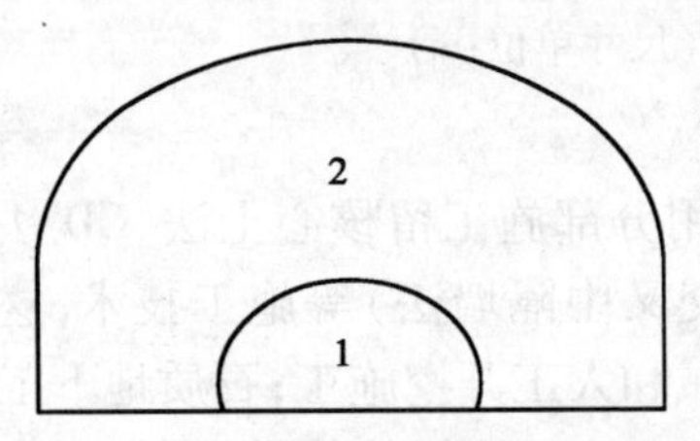

图 3-3 导坑超前＋扩挖施工技术
1-导坑；2-扩挖

在大断面隧道施工中，采用钻爆法或小型掘进机先行施工一个导坑(图3-3)，然后用爆破方法进行扩挖。此时扩挖是在有导坑临空面条件下进行的，爆破临空面大，夹制作用小，爆破耗能少，大大降低了对隧道围岩的扰动。

(2)硬岩预裂爆破与光面爆破

预裂爆破是在隧道施工爆破前，预先沿设计轮廓爆出一条具有一定宽度的裂缝，当主爆区爆破时，裂缝对应力波起到反射作用，减少应力波对围岩的破坏作用。因此，轮廓孔爆破时，围岩和断面轮廓线内的岩石对爆破具有相同的夹制作用，爆破对围岩的破坏作用较大，特别是在岩石强度较高的情况下，轮廓孔装药较多，耗能较大，破坏作用更为明显；当围岩存在节理裂隙时，容易产生掉块，导致安全事故，因而不宜采用预裂爆破。光面爆破是先爆破中央部分，此时对围岩影响较小，后爆破周边时已有临空面，对围岩影响也较小。因此，在岩体强度较高的情况下，应采用全断面光面爆破。

(3)软弱围岩弱爆破分步施工

在隧道施工中,经常遇到强度低、易风化、破碎的软弱围岩,在隧道围岩稳定性分级中属于稳定性较差的Ⅲ、Ⅳ、Ⅴ级围岩,易出现坍塌等工程事故。实践表明,爆破工序对此类围岩的稳定性有重要影响,爆破振动经常是围岩坍塌的诱导原因。因此,应降低爆破振动强度,尽可能减轻对围岩的扰动,最大限度地维持围岩的原始状态。

软弱围岩隧道一般采取台阶法施工。上部台阶施工时,拱部采用光面爆破,岩石自重有助于拱部岩面沿周边眼的开裂,适当降低炸药消耗,降低耗能,既保证了爆破效果,又有利于降低周边眼起爆对围岩的振动强度。在下台阶施工时,为了及时对围岩支护,需要先施工边墙部分,施工顺序如图3-4所示。因岩体强度低,此时采用弱爆破即可实现施工,对边墙围岩的扰动较小。

在隧道断面内岩石性质差别显著时,要注意调整施工方案。如果上部岩体软弱而下部岩体坚硬时,下台阶分部施工顺序要相应调整,应采用图3-5所示的施工顺序。如果按图3-4所示的施工顺序,下台阶两侧岩体(边墙)水平方向受到较强的夹制作用,由于岩石坚硬,需采用较强的爆破才能破碎岩体,耗能较高,相应对围岩的扰动也较显著。

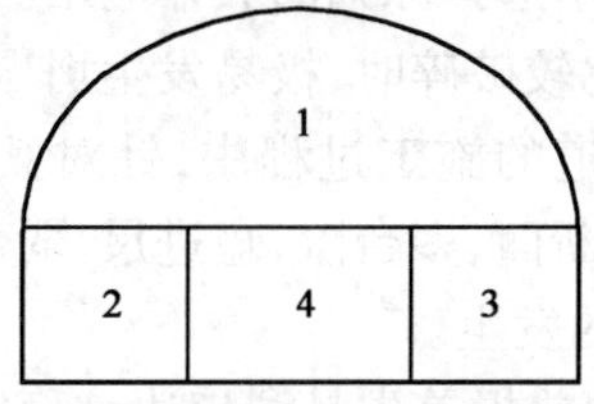

图3-4　软弱围岩时,上、下台阶法施工顺序

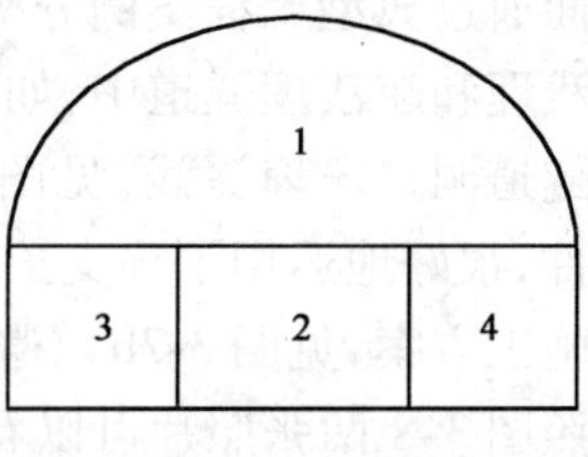

图3-5　下台阶是硬岩时的施工顺序

(4)选择合理的开挖方式

为了减少同段开挖的装药量,控制爆破规模,可采用台阶法施工。由于城市隧道大多为浅埋,上半断面围岩软弱,爆破所需药量较少(甚至可由人工开挖),上半断面爆破后形成有利于下断面爆破的临空面,从而便于减振,如图3-6a)所示。对于较硬的地层,可采用反台阶法预留光爆层施工,将掏槽放在最底部,以增加掏槽部位的爆心距,如图3-6b)所示。

如图3-6b)所示,施工时先开挖下工作面Ⅰ,然后再开挖上部断面,这样爆破上部断面时,由于具有良好的临空面,光爆效果好,振动量也小。

掏槽部所在区域每炮循环进尺控制在2.5m左右,中间层每炮循环进尺控制在2m左右;预留光爆层厚1m左右,每炮循环进尺控制在2m左右,掏槽眼所在区+光爆层、掏槽眼所在区与中间层轮流起爆，保证掏槽眼所在区炮一响即有进尺，进尺约为1m，而中间层、光爆层间隔轮流进尺约为2m。

当围岩较不稳定，特别是半土半岩断面时，应用正台阶法开挖，即先用人工开挖上部土层，在拱部形成一道减振槽，以阻挡振动波向上传播，然后再用爆破法开挖下部岩石，如图3-6c）所示。

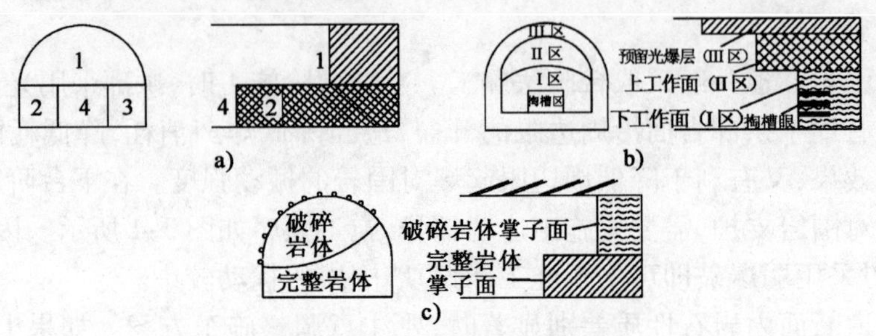

图3-6　爆破开挖方式示意图

a）工况为上软下硬围岩；b）工况为较硬围岩；c）工况为半土半岩围岩

3.3　典型工程案例分析

下面通过典型工程案例分析来说明施工技术选择原则的具体应用。

在浅埋和超浅埋隧道中，如果上覆岩土层比较破碎时，极易发生坍塌冒顶事故。某隧道洞口段埋深浅，见图3-7a），在该隧道的施工过程中，针对其特殊的地质条件，很好地运用了预支护原理，采用了小断面、多台阶、短进尺、弱爆破、强支护的施工方案，见图3-7b），避免了冒顶事故的发生。

对照图3-8两张照片可以看出：隧道稳定的前提首先是洞口边坡稳定问题，只要采用相应技术措施和改变施工顺序，就能改变山体不稳定平衡状态而保证隧道稳定。

在隧道施工中，经常遇到强度低、易风化、破碎的软弱围岩，易出现松弛坍塌等工程事故。实践表明，爆破工序对此类围岩的稳定性有重要影响，爆破振动经常是围岩坍塌的诱导原因。因此，应降低爆破振动强度，尽可能减轻对围岩的扰动，最大限度维持围岩的原始状态，宜采取留核心土环行开挖施工方法。而对于较好的石质隧道，留核心土环行开挖施工技术就没有下导洞适度超前全断面施工技术好，如图3-9所示。

图3-10a）为某隧道在进洞时，由于上覆岩土体局部较破碎，施工时没有采用超前支护措施，从而出现了坍塌冒顶事故。因此，遇到类似于此种围岩时，首先应处理破碎带，必须采取及时有效的超前支护措施（如超前管棚、超前锚杆

等），提供足够的预支护力，见图3-10b），才能保证围岩的稳定。相似的隧道塌方事故都有一个共同的特征，即隧道穿越的岩土体，往往下部为坚硬的基岩，上部为结构松散的土体。隧道进洞后，爆破振动一方面对本来就比较松散的土体进行扰动，另一方面隧道的开挖出现临空面，使上部土体失去了支撑，破坏了它的力学平衡稳定性，引起边、仰坡发生滑塌，出现隧道塌方冒顶的严重工程事故。

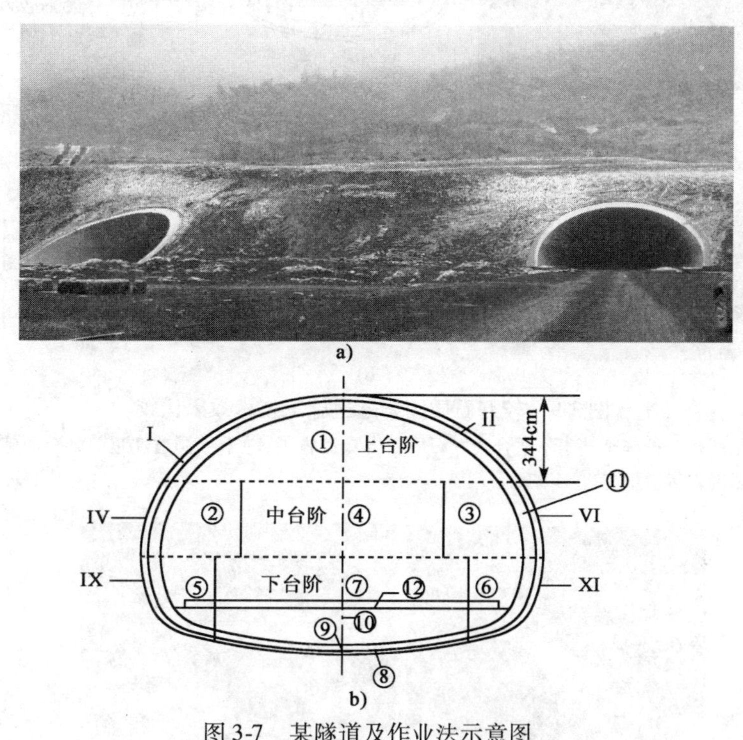

图3-7　某隧道及作业法示意图

a）某隧道洞口外观；b）三台阶七步流水作业法

图3-8　边坡与隧道稳定关系

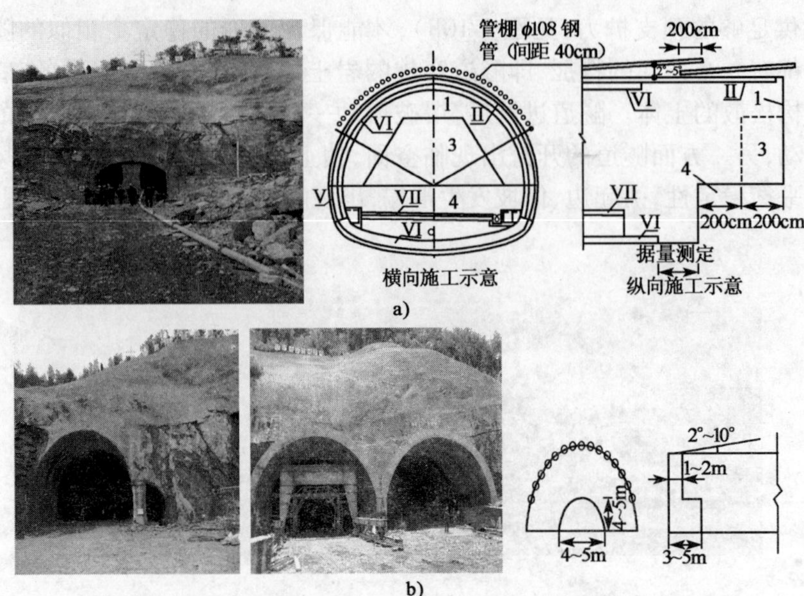

图 3-9　较好石质围岩隧道施工技术效果比较

a）留核心土环行开挖施工技术不适合较好石质围岩隧道施工；b）下导洞适度超前全断面施工技术适合较好石质围岩隧道施工

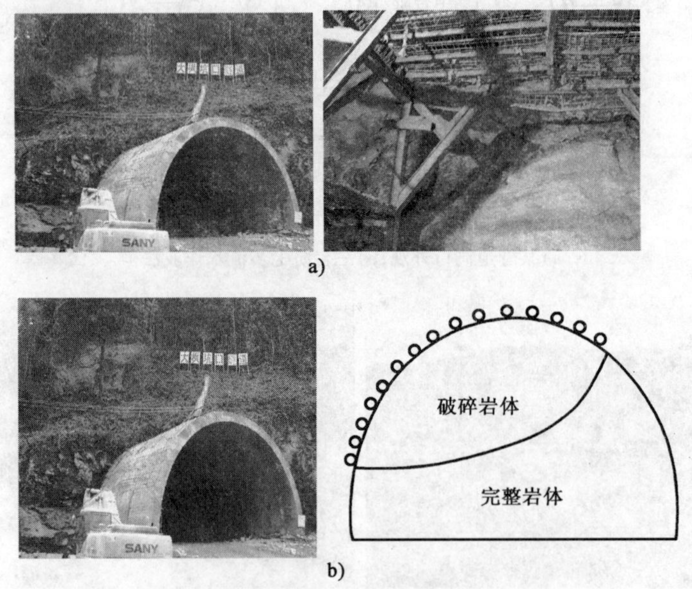

图 3-10　某隧道洞口塌方事故及处理方案

a）某隧道洞口塌方事故；b）某隧道洞口塌方处理方案

当围岩为土或松散破碎围岩时,应采用图3-11a)所示的开挖顺序进行施工,此时应预留核心土,保护掌子面的安全。第1步开挖完成后,迅速施作初期支护。当围岩为较完的整岩石时,应采用图3-11b)所示的开挖方式,此时应首先爆破开挖隧道的核心部分1,然后逐渐扩大断面,这样可以减少对围岩的扰动,同时也做到了爆破能最小,符合开挖能量最小原理。在规范的留核心土开挖施工技术中,应该引起我们注意的是,该施工技术中强调的是预留核心"土"而非核心"石"。目前,在山岭隧道建设中,采用的是钻爆法施工,而不是像土质洞室中使用人工开挖或机械开挖。所以应尽量使用小的爆破能来开挖隧道,这样既满足了开挖能量最小,又能使对围岩的扰动最小,从而可以保证围岩的稳定,保证隧道的安全施工。综上,由于石质隧道和土质隧道开挖工艺不同,故应采取不同的施工顺序。

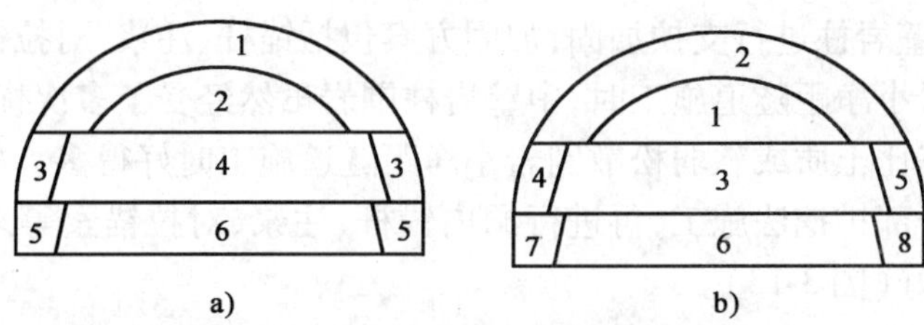

图3-11　不同地质条件下隧道的开挖顺序
a)土质隧道中开挖顺序;b)岩质隧道中开挖顺序

3.4　小净距隧道结构受力独立性设计与施工

土质或软弱松散围岩小净距隧道施工时,中壁岩柱围岩经受多次扰动,其状态远比单独的洞室施工时恶化,因此施加在中壁岩柱的压力比另一侧要大得多。尤其是当两洞相邻的分部开挖同时通过某一尚未支护断面时,中壁岩柱极易形成楔形体态破坏,如不及时处理极易发生扰动塌方,如图3-12所示。常采取的工程措施有以下几种:

(1)应避免两洞同时、同向开挖。若两洞同向开挖,起码彼此要错开一段$L \geqslant D$(D为单洞开挖洞径)的距离。此外,还应注意:如果中壁岩柱形成的楔形体是土质或软弱松散围岩,则开挖外侧;如果中壁岩柱形成的楔形体是稳定土质或岩质围岩,则开挖内侧(图3-12);如果中壁岩柱形成的楔形体是稳定硬岩质围岩,则采用图3-13中导洞适度超前分部扩挖法施工。

(2)在施工过程中,应利用两洞先行开挖段进行洞内注浆来加固此中壁岩柱及附近围岩,即要求两洞在先行开挖段进行第Ⅳ步序施工时,在围岩中安设

3～3.5m 后加固注浆。

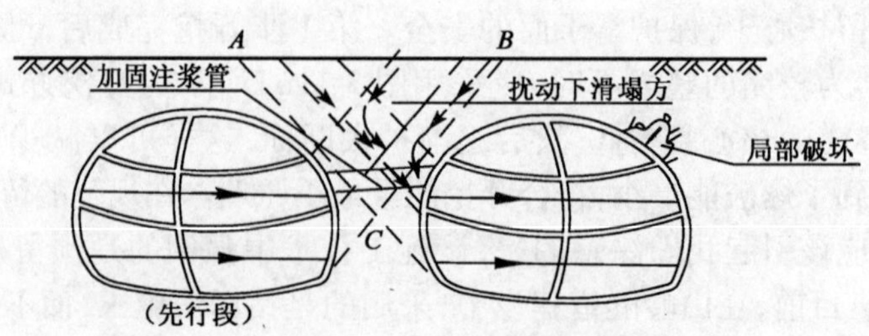

图 3-12 中壁岩柱加固

(3)施工作业时要以快为主,即快开挖,快封闭,以赢得时间。

(4)在破碎围岩条件下,小净距隧道施工要采用正向单侧壁导洞法和上下台阶与正向单侧壁导洞组合法施工方案。两种施工方案的共同特点是可以尽可能、尽早对中壁岩柱进行支护加固,加固方案包括锚杆、注浆、对拉锚索等。

石质围岩小净距隧道施工时,中壁岩柱围岩虽然经受了多次扰动,但其中壁岩柱破坏形态比土质或软弱松散围岩小净距隧道施工时好得多。如果采用中导洞适度超前分部扩挖法施工,再进行洞内锚杆、注浆、对拉锚索等来加固中壁岩柱,效果会更好(图 3-13)。

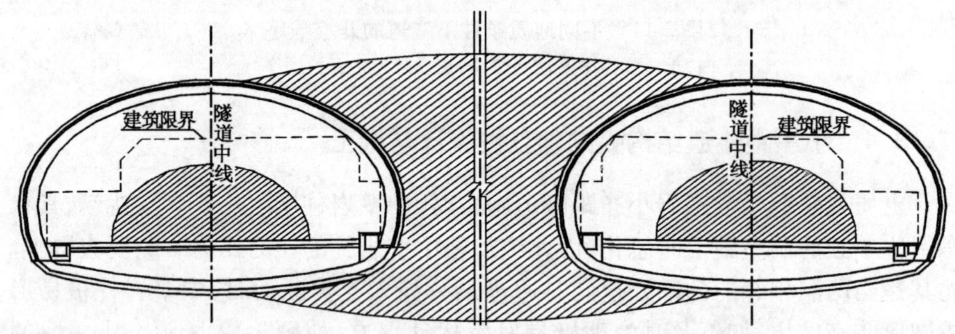

图 3-13 石质围岩小净距隧道中导洞适度超前分部扩挖再加固中壁岩柱施工技术

因此,在隧道施工中,并不介意采用什么理论和施工技术,而应根据具体隧道围岩地质的各方面综合条件,采用经济合理的设计和施工方法,甚至是多种方法的综合运用。但是隧道合理施工方法或多种施工方法的综合运用,必须同时满足隧道合理施工技术判别原则。

在小净距隧道施工时,应注意两洞的相互影响问题,尽量使受力保持一定的独立性。目前,在小净距隧道的开挖过程中,超前导洞预留光爆层法是比较常用的施工技术,具体的开挖顺序如图 3-14 所示,这种施工技术适用于 I、II、III 级围岩。I、II、III 级围岩自稳性好，适于全断面开挖，由于超前导洞临空面的存在，有效降低了二次扩挖的炸药消耗量，同时也降低了爆破对围岩特别是中壁岩柱的扰动。如图 3-15 所示为该施工技术在小净距隧道中的具体应用案例。

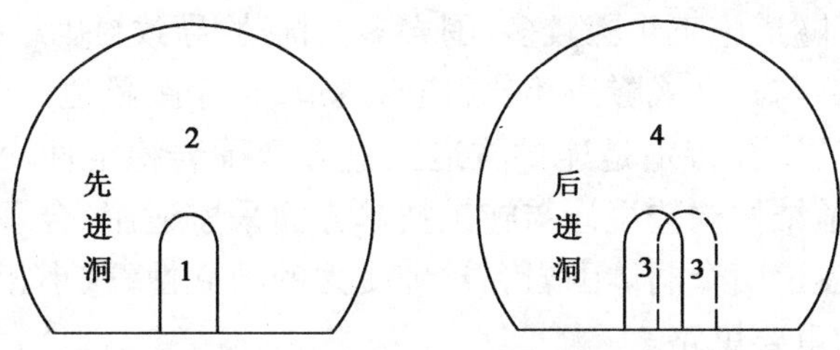

图 3-14　超前导洞法开挖小净距隧道示意图

a)

b)

图 3-15　超前导洞法开挖小净距隧道示意图

在使用超前导洞预留光爆层开挖小净距隧道时，要注意导坑的位置，尤其是后进洞导坑的施作位置，应与中夹岩保持一定的距离，如图 3-14 虚线所示，这样施工可以减少爆破对中夹岩柱的影响。使用超前导洞法施工小净距隧道，当隧道较短时，可以先将一个隧洞打通，再施工另外一个隧洞。先进洞的支护和施工技术就相当于单洞的情况，后进洞开挖时应注意保护中夹岩，尽量减少对中夹岩柱的扰动，因为中夹岩的稳定直接影响小净距隧道的稳定。在以往许多小净距隧道破坏的工程实例中，大多是由于中夹岩发生破坏所致。因此，在后进导洞施工中，超前导洞应远离中夹岩一定距离，并采用弱爆破，以减少对中夹岩的扰动，维持围岩的稳定。

小净距隧道受力独立性设计与施工的核心内容就是小净距隧道合理施工顺序，应该根据隧道围岩地质状况，选用合理施工顺序的一种或几种组合方法，使得隧道“基本维持围岩原始状态”，有利于保持小净距隧道两个洞体受力的独立性，有利于维持围岩稳定性，最大限度地发挥围岩的自承能力。

3.5 连拱隧道结构受力独立性的设计与施工

连拱隧道、小净距隧道的两个洞体相距很近，隧道开挖后围岩的二次应力场相互叠加。由于隧道施工步骤较多，围岩多次扰动，导致衬砌结构内力分布更为复杂。由此可见，与独立式隧道相比，连拱隧道、小净距隧道两个洞体围岩之间存在强烈的相互影响(特别是连拱隧道)，这导致围岩稳定性变差、衬砌受力复杂。因此，在隧道结构构造设计与施工技术方面采取适用、合理的措施，增强连拱隧道、小净距隧道两个洞体围岩和衬砌受力的独立性，减小相互影响，是实现隧道围岩稳定的重要思路。

连拱隧道常用施工方案为中导洞施工技术施工，按传统结构构造形式，由于左右洞施工和衬砌期间中墙顶部不密实而存在空隙和顶部围岩整体性较差等因素的影响，导致隧道围岩跨度增大，隧道围岩稳定性变差，左右洞结构受力不明确且相互影响。为了克服此类问题，应对连拱隧道结构构造进行改进和优化。合理的结构构造应尽可能确保中墙顶部围岩与中墙的整体性，实现连拱隧道两主洞受力的基本独立，尽可能保持围岩的原始状态，最大限度地发挥围岩的自承能力。小净距隧道常用 CRD(交叉中墙法)施工技术施工，对中壁岩柱和基础围岩采用加固措施，确保中壁岩柱和基础围岩强化与稳定，实现小净距隧道两主洞结构构造与周边围岩受力基本独立，尽可能保持围岩的原始状态，最大限度地发挥围岩的自承能力。

(1)传统结构构造

目前，国内已建成的双连拱隧道很多采用了整体式曲中墙的结构构造形式，如图 3-16 所示，中墙厚度通常为 1.5～2.3m。它的特点是中墙不仅与左右主洞拱部的初期支护相连接，还与左右洞的二次衬砌及防水层相连接。其不足之处主要有以下 4 个方面：

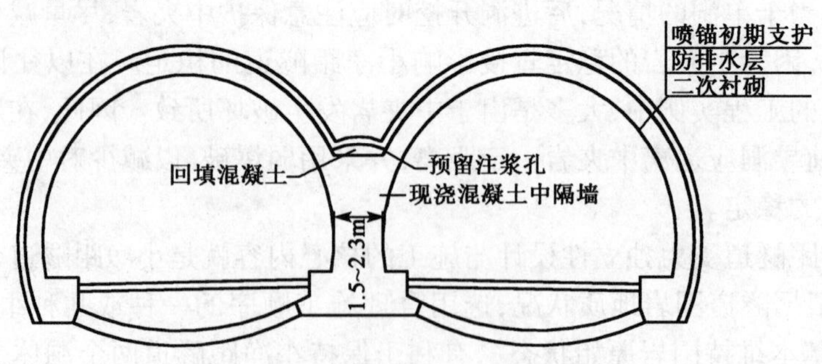

图 3-16 传统结构构造示意图

①左右洞施工和衬砌期间,中墙顶部不密实,有空隙,导致洞室围岩跨度增大,致使隧道两洞体围岩相互影响,独立性差;

②两主洞的拱部支撑在中墙上,其中一个洞体因偏压等原因产生的偏移会对另一个洞体内力产生影响,这种相互影响导致左右洞结构受力不独立,增大了结构设计的难度;

③中墙与顶部注浆后易堵塞排水通道,这是导致中墙渗漏水的主要原因,对隧道耐久性和运行安全造成威胁;

④整体式曲中墙结构受力条件复杂,施工工序多,对围岩形成多次扰动,二次衬砌与中墙非同步施工,形成中墙与主洞二次衬砌之间常存在施工缝。

这种类型结构存在的主要病害是衬砌开裂和渗漏水。中墙出现纵向或环向裂缝,中墙侧拱脚处渗漏水,若两侧拱部受力不均衡,可能会导致整个结构物的破坏或留下严重病害。

(2)改进结构构造

改进后的连拱隧道结构构造形式如图3-17所示,左右洞的二次衬砌不搭靠在中墙上,而是独立成环,相对传统结构构造形式,其优点有以下两点:

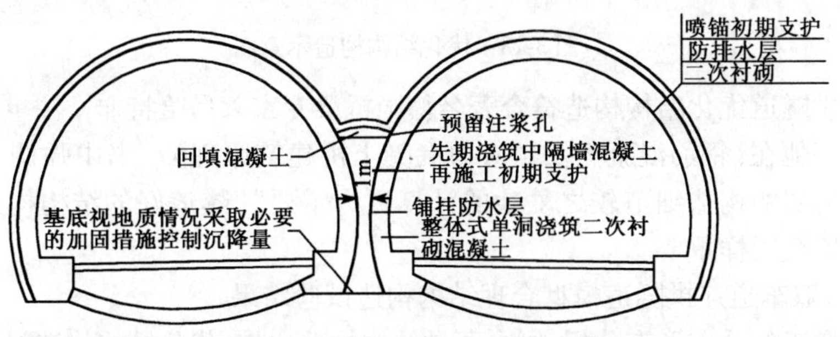

图3-17　改进结构构造示意图

①将防水与结构设计统一考虑,衬砌防水效果更理想;

②在不削弱结构的条件下,将两侧二次衬砌各自独立成环,左右洞二次衬砌结构受力明确,相互影响少。

其缺点有以下两点:

①左右洞施工和衬砌期间,中墙顶部不密实,有空隙,导致洞室围岩跨度增大,导致隧道两洞体围岩相互影响,受力独立性较差;

②中隔顶部注浆易堵塞土工布层排水通道,使防水效果达不到要求。

(3)优化结构构造

某连拱隧道工程地质条件复杂,节理裂隙很发育,岩层产状紊乱,并有8条断层破碎带,最大一条达22m宽,岩性主要为粉砂岩、含砾砂岩、砾岩,局部夹泥岩，围岩类别为 III 级或 IV 级，隧道顶上方 3m 处有一防空洞，地下水丰富且分布不均。

结合该连拱隧道对隧道结构构造进行了优化，如图 3-18 所示。施工时先施工中导洞，根据中导洞拱顶围岩情况用锚杆或小导管注浆加固中导洞拱顶围岩，然后再做钢筋混凝土中墙，中墙钢筋与加固导洞拱顶锚杆或小导管焊接成整体，这样达到减跨支护的作用。当围岩软弱时，中墙采用扩大基础或基底注浆加固措施，使左右洞施工过程初期支护受力明确且相互影响减小，受力基本独立。

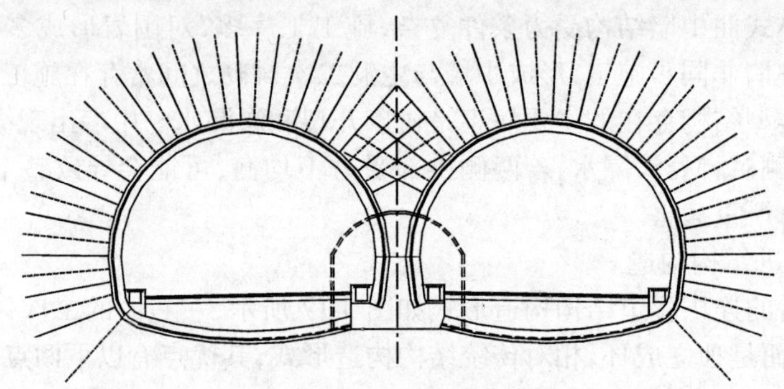

图 3-18　优化结构构造示意图

连拱隧道优化结构构造符合著名德国桥梁专家莱昂哈特非常注重结构构造的思想。他在《钢筋混凝土及预应力混凝土桥建筑原理》一书中强调："有关桥梁性能的好的构造细节较之复杂的计算更为重要"，隧道好的结构构造细节对隧道的安全同样重要。

（4）双车道连拱隧道模型合理结构构造试验结果

从弯矩的分布形态分析，同上两种结构构造比较，优化结构构造衬砌弯矩分布较为对称，衬砌结构受力较为有利，与独立隧道弯矩分布较为接近，见图 3-19 ~ 图 3-21。由此可见，优化结构构造基本实现了两主洞受力的独立性，按优化结构构造设计和施工两个隧洞是合理的。

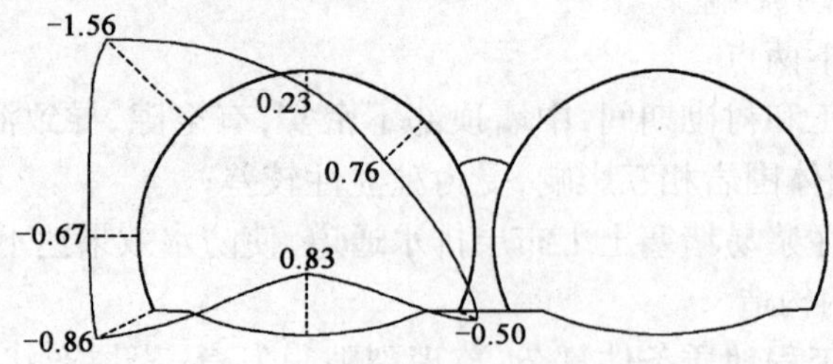

图 3-19　传统结构模型衬砌弯矩分布（m/MN · m）

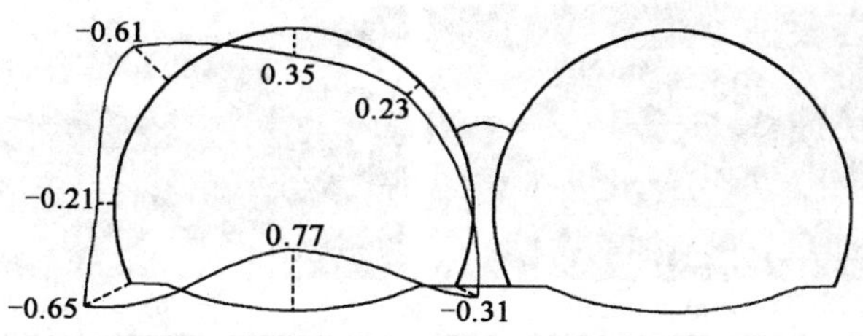

图 3-20　改进结构模型衬砌弯矩分布(m/MN·m)

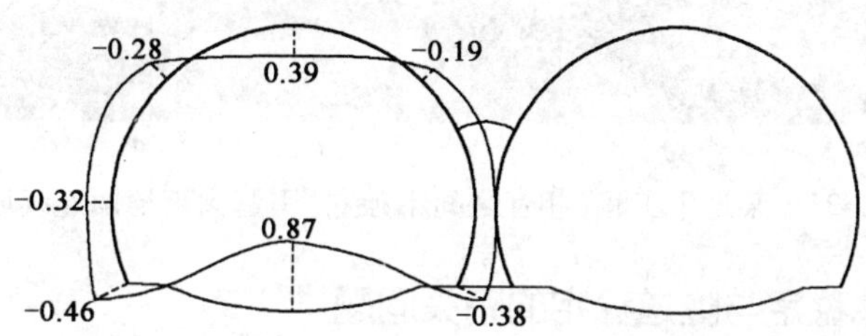

图 3-21　优化结构模型衬砌弯矩分布(m/MN·m)

(5)洛阳龙门石窟和某地下工程的启示

图 3-22 为古人利用或避开节理、根据岩石条件修建的佛龛,至今仍完好如初。古人善于利用工程地质条件,选取合适的地点修建建筑物,值得借鉴。图 3-23 所示为某地下工程(相互之间不独立)引起大街地面连续塌陷,拆除过程中出现安全事故,其教训应引以为戒。公路与铁路隧道选线虽然可以避免大的不良地质构造(断层、滑坡等),可还会遇到局部的不良地质构造(断层、滑坡等),这时借鉴前人智慧,避免不足,选择隧道结构构造和合理开挖支护施工技术就至关重要。

图 3-22　洛阳龙门石窟古人根据岩石条件修建佛龛

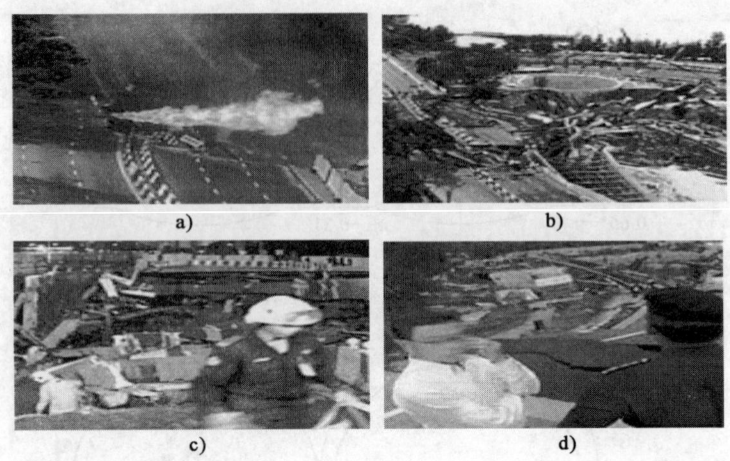

图 3-23　某地下工程(相互之间不独立)引起大街地面连续塌陷

3.6　山体稳定与隧道稳定的有关问题

山体稳定是越岭隧道稳定的基础。在进行隧道开挖设计时,不仅要分析隧道围岩的变形破坏情况,而且也要重视隧道所在山体的稳定问题。对于隧道洞口仰坡及傍山隧道的洞体,局部的围岩松弛破坏,可能改变边坡的应力场环境和水文地质环境,从而引起边坡的变形和破坏。边坡的不稳定会直接导致隧道结构的破坏。如图 3-24 所示为某小净距隧道两洞口底部软弱围岩没有处理到位导致的隧道底板和衬砌开裂现象。许多隧道出现了隧道失稳和山体滑坡的地质灾害,此类问题属于边坡和隧道的相互作用问题。

图 3-24　两洞口底部软弱围岩没有处理到位导致隧道底板和衬砌开裂现象

为了避免隧道开挖引起隧道洞口仰坡和所在边坡的失稳破坏,对仰坡和所在边坡岩体结构特征及稳定性应进行全面评价。当潜在滑移面稳定性安全度较低时，首先必须加固山体，确保山体稳定后，再进行隧道施工。为了更清晰地说明问题，下面以某隧道洞口边坡与隧道围岩稳定的关系为例进一步说明。

某隧道滑坡位于隧道的北端进出口段，隧道左右两洞净宽各为10.16m，两洞中心线间距35m。采用上下导坑、二衬紧跟施作的施工方法。右洞上导洞开挖掘进至K85+295时，从拱部左侧突发涌水，水柱直径达30cm，统计涌水量超过10 000m^3。量测发现K85+288.50~K85+294.50段边墙初期支护变形突然加大，二次衬砌出现裂纹并有增多增大趋势。7天后在山顶发现地表开裂，裂缝宽5~10cm，裂缝垂直错距约20cm，此后观察发现裂缝在进一步扩大。

随后的地质勘查发现，该隧道进洞口一带处于多方向、多期次断裂活动的复杂地质构造条件下，F_1 从该隧道的右洞口通过(图3-25)，断裂走向15°~30°，倾向105°~120°，倾角80°~90°，走向北东40°~60°，倾向南东，倾角80°~85°。隧道洞口段岩体十分破碎，节理裂隙极为发育。隧道右线洞口K85+200~K85+400段地质剖面如图3-26所示。地表为厚2~4m的含黏性土碎块石，结构松散。下部为 F_1 和 F_2 断裂破碎带，岩体呈角砾状松散结构，为V级围岩。

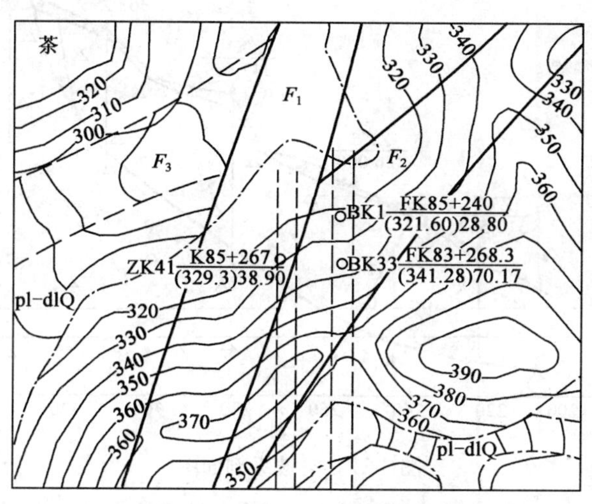

图3-25 洞口区工程地质平面图

该隧道洞口滑坡的发生发展是伴随隧道开挖而产生的，滑坡体积约24万m^3。滑坡与隧道开挖的关系极为密切，滑坡的纵向发育与隧道行进方向基本一致(图3-27)，滑坡宽度范围包容了双隧道，并各向隧道轴线外扩8~15m，两侧以小沟为边界。隧道进口滑坡的形成原因是：边坡岩体破碎，在具备临空条件下的自稳能力极差，隧道开挖能引起围岩产生大范围的松动变形，而且坡体富水性好，地下水集中向隧道内排泄，加速了滑坡的形成。同时，滑坡形成和发展过程中，又使隧道结构发生强烈破坏，并导致围岩坍塌。

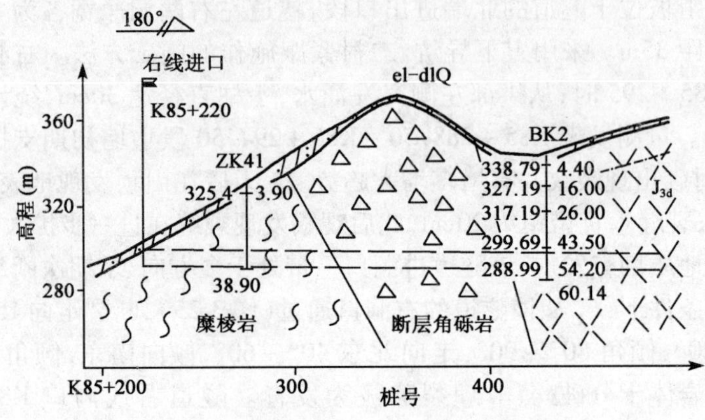

图 3-26　隧道右线进口段工程地质剖面图

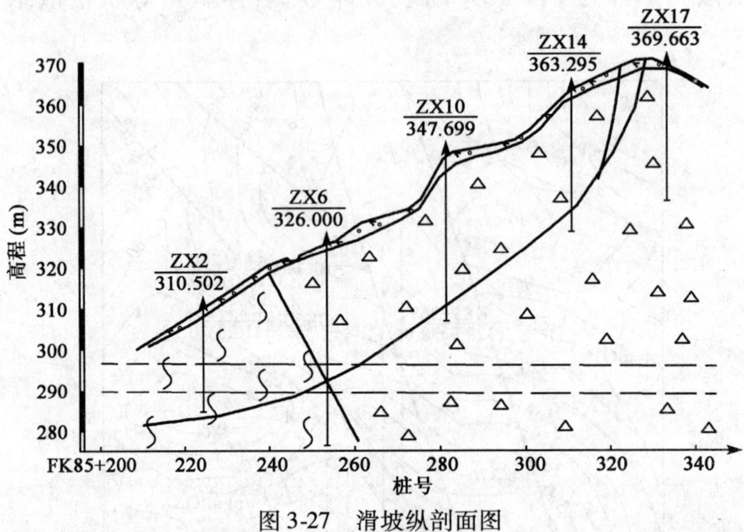

图 3-27　滑坡纵剖面图

隧道开挖引起滑坡的基础是不良的地质环境条件，但一带发生滑坡就再也无法通过隧道围岩加固措施达到隧道结构的安全稳定，因为需要实现平衡稳定的条件已经不再先于围岩的开挖卸载问题，在实现滑坡的平衡稳定前，任何围岩加固措施都无法达到预期的平衡稳定要求。因此，在存在山体稳定问题区段进行隧道开挖时，必须在隧道开挖前确保山体稳定。

事实上，在考虑山体稳定与隧道稳定的关系时，如能充分认识地质环境条件，进行合理的隧道结构和开挖方案设计，就可避免山体稳定与隧道稳定的相互不利影响。龙瀑隧道为了保护沿途环境和生态，采取了半明半暗、通透式拱形肋梁结构的建造方案，如图3-28所示，使岩石结构和地质状况稳定，周围景观保护良好。但如果岩石结构和地质状况欠稳定，采用该方案就不妥。所以任何施工方案都有其适用条件。

图3-28　龙瀑隧道

3.7　浅埋暗挖法中的平衡稳定问题

3.7.1　浅埋暗挖法施工的优越性

浅埋暗挖法的实质是初期支护按承担全部基本荷载设计，二次模注衬砌作为安全储备，初期支护和二次衬砌共同承担特殊荷载；采用多种辅助施工技术、超前支护改善加固围岩，在“基本维持围岩原始状态”条件下，将围岩松动圈变成承载圈，大大减少了初期支护的荷载；采用不同开挖方法及时支护并封闭成环，与围岩共同作用受力平衡状态形成稳定的联合支护体系；其要点概括为“管超前、严注浆、短开挖、强支护、快封闭、勤量测、速反馈”的21字施工原则；在施工过程中应用监控量测、信息反馈、优化设计，实现不塌方、少沉降、安全生产与施工。

(1)车站与车站穿越方式(图3-29和图3-30)

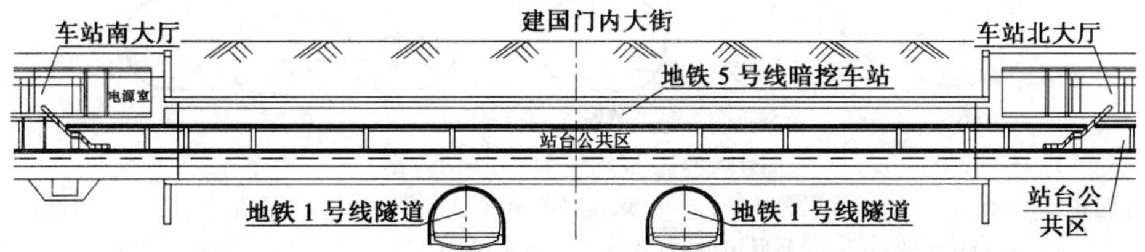

图3-29　北京市地铁5号线东单暗挖站与既有地铁1号线相对位置纵剖面图(上穿)

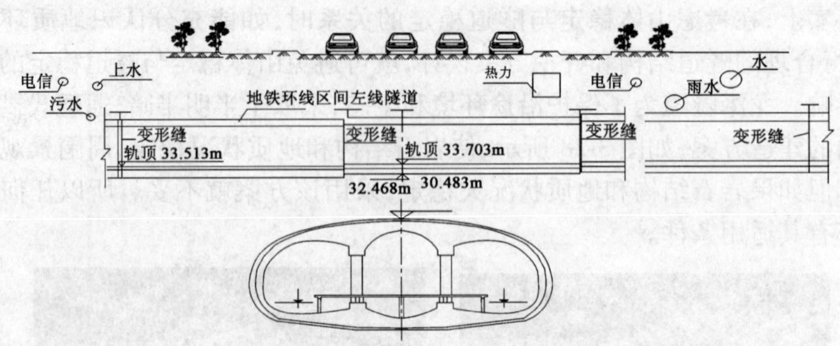

图 3-30　北京市地铁 5 号线崇文门暗挖站与既有地铁 1 号线崇文门东段区间隧道立交断面图(下穿)

从图 3-29 和图 3-30 中可以看出,穿越既有线隧道所面临的主要技术难题是在隧道开挖过程中确保既有线隧道的行车安全,这就需要对新开挖隧道周围和既有线隧道及相关结构周围土体进行预加固,以减少地层扰动对既有线隧道的影响,保持周边围岩的稳定性,使得新线和既有线隧道相互穿越区域围岩与支护结构共同作用受力平衡状态稳定,确保新线和既有线隧道的行车安全。

(2)合理开挖与支护施工技术

浅埋暗挖法施工的软土层隧道控制地面沉降的关键是保持开挖面稳定,及时大刚度的初期支护,这样就要采用地层预加固和分步开挖方法施工。

图 3-31 是国际上典型地下工程浅埋暗挖法常用的分步开挖方法。

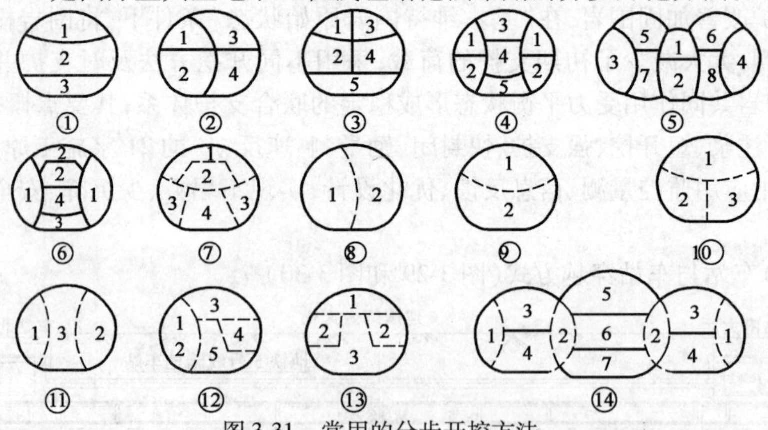

图 3-31　常用的分步开挖方法

①纽伦堡、圣保罗地铁;②慕尼黑地铁;③波恩、法兰克福地铁;④埃森、慕尼黑地铁;⑤慕尼黑地铁;⑥东京地铁;⑦圣保罗地铁;⑧慕尼黑地铁;⑨慕尼黑地铁;⑩东京地铁;⑪慕尼黑地铁;⑫北京市复兴门折返线渡线工程;⑬北京市复兴门折返线工程;⑭北京市西单地铁站

浅埋暗挖法施工的复合式衬砌强度远远高于盾构法施工的管片强度（厚度为30mm），所以运营中很少出现衬砌变形、开裂等现象。

（3）特大断面地下工程施工

特大断面地下工程施工的核心思想是变大断面为中小断面，提高施工安全性，如图3-32和图3-33所示。图3-34为车站桩柱法施工工艺流程。

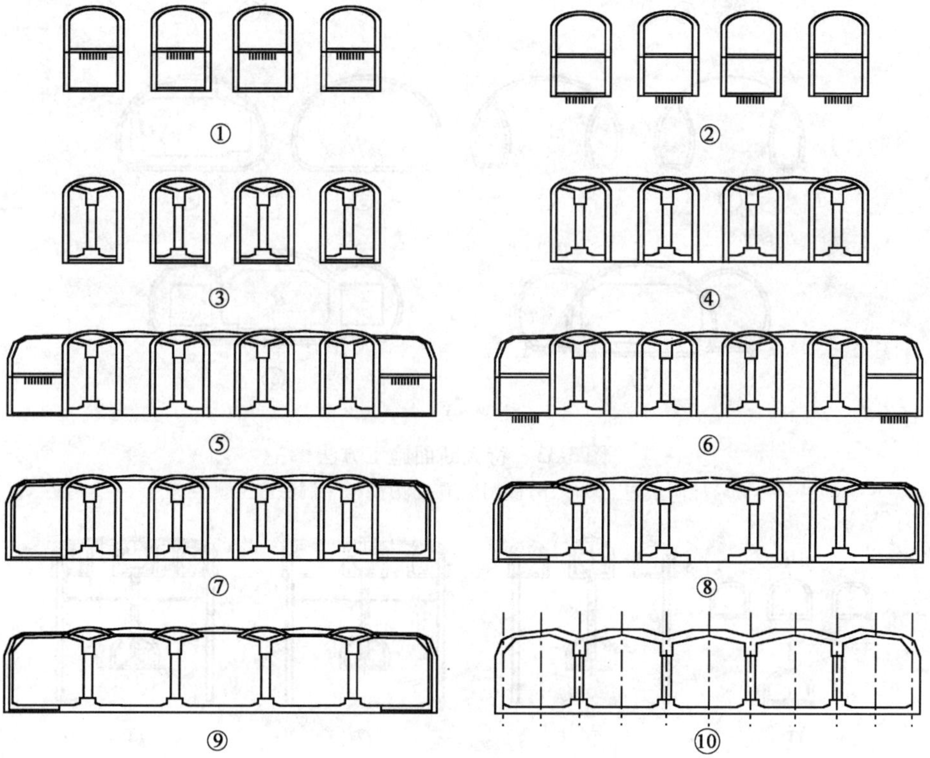

图3-32　某城市地下商业街开挖方法示意

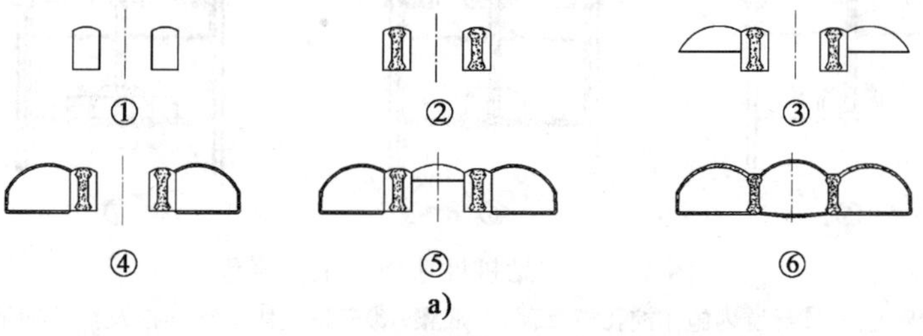

图　3-33

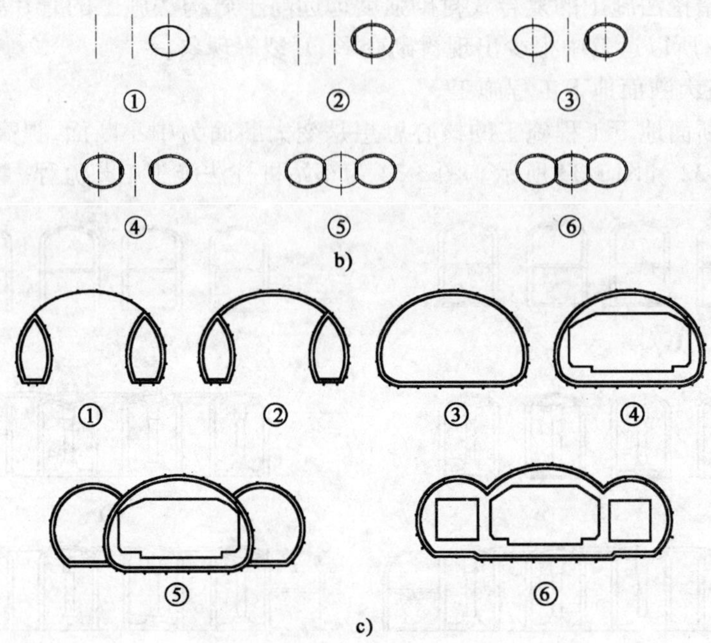

图 3-33 特大断面施工方法

a）柱洞法施工顺序；b）侧洞法施工顺序；c）中洞法施工顺序

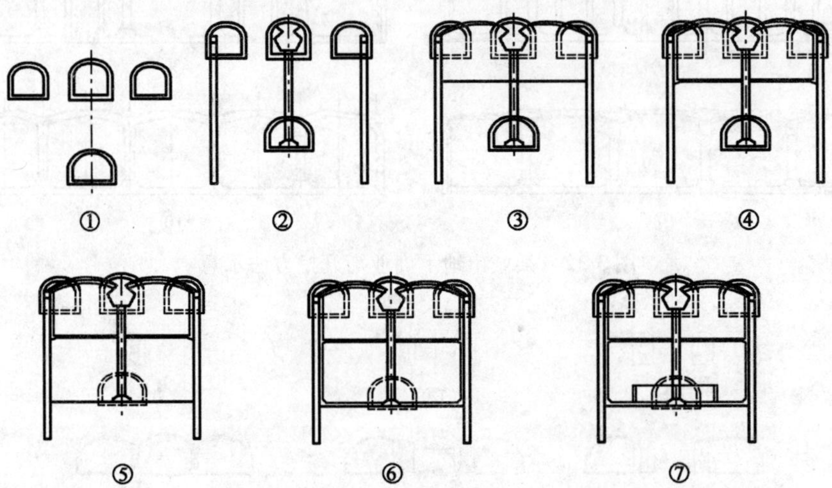

图 3-34 车站桩柱法施工工艺流程

①导坑开挖及支护；②导坑内施作挖孔桩及顶梁、底梁；③车站主体上部开挖及拱部初期支护；④施作中承板及站厅侧墙、拱部衬砌；⑤车站主体下部及垫层施作；⑥施作地板、站台层侧墙；⑦施作站台及附属工程

北京地铁天安门东站的施工流程及主要施工步序示于图 3-35 和图 3-36。采用“挖孔桩加浅埋暗挖先施工两条小隧道做成的条型基础”的施工方法，确保软土基础的承载力。

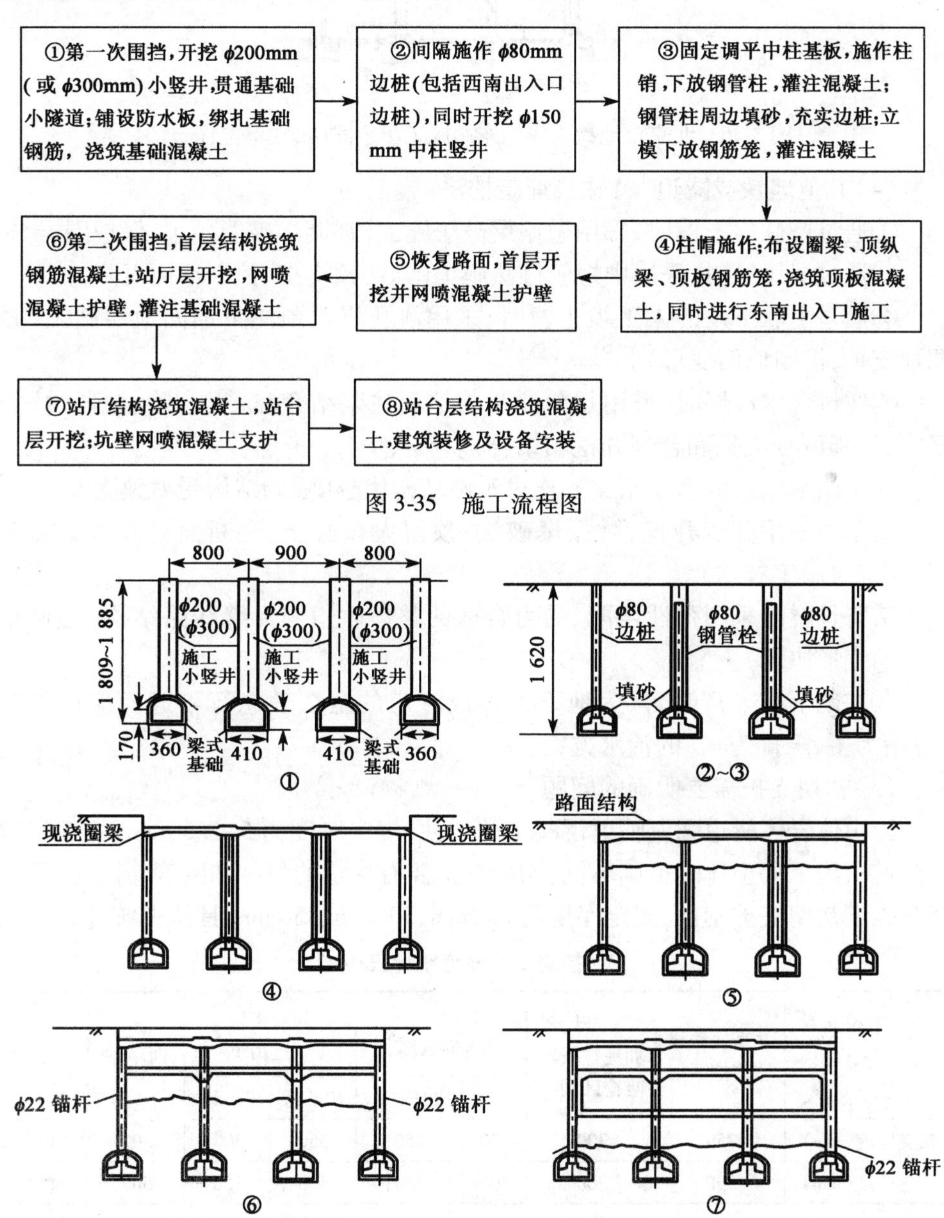

图 3-35　施工流程图

图　3-36

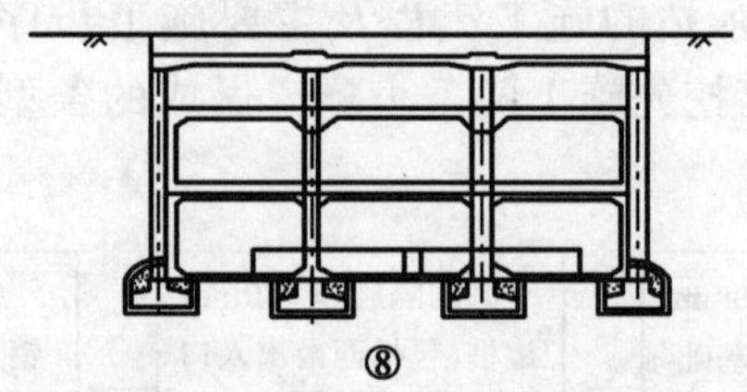

图 3-36　北京市地铁天安门东站施工步序图(尺寸单位:mm)

(4)其他地铁或隧道"特殊浅埋暗挖法"施工

①通过坚硬岩石段时,采用微振爆破法施工(强调爆破能最小,保护围岩)。

②通过居民区时,采用中短管棚法施工(强调预支护,控制地面沉降)。

③通过上软下硬的人工填土段时,采用浅孔周边预注浆加固地层施工(强调预支护,控制地面变形)。

④通过含水沙层时,采用超前注浆与地面注浆结合和"正台阶、快通过"方案施工(强调预支护和合理开挖相结合)。

⑤车站采用三洞室车站比三连拱车站结构优越(强调结构受力独立性)。

⑥车站采用分步开挖、微振爆破法、预留大核心土、全断面衬砌方案施工(强调综合施工技术)。

⑦特长隧道采用弹性匹配、受力合适的整体轨道与无缝线路结构(强调结构之间变形协调)。

⑧在地下水丰富时,认为地下工程或隧道的全堵理念行不通而应该采用"以堵为主、限排为辅"的治水方案。

(5)初期支护需要明确的问题

①山体岩体隧道强调喷射混凝土的柔性,规定厚度为 5 ~ 250mm;而采用浅埋暗挖法施工的土体隧道则不同,初期支护要有一定的强度和刚度,并设置钢拱架和强调初期支护刚性,规定厚度为 250mm、300mm、350mm,具体见统计表 3-1。

初期支护厚度统计表　　表 3-1

工程名称	北京地铁浅埋暗挖区间	广州、深圳地铁浅埋暗挖区间	国家计委地下停车场		长安街地下过街道		西单站	天西站
			土体	出入口	10m 跨	7m 跨		
初支厚度(mm)	250	300	300	250	350	300	300	300
二衬厚度(mm)	300	300	300	250	400	350	500	450

②山体岩体隧道中锚杆是必需的,具有局部或部分加固块体作用;而土体隧

道一般不设锚杆，只是在加固地层中设注浆锚管和分步施工中的墙脚设锁脚锚管。

③仰拱结构是影响隧道结构整体强度的重要因素，矢跨比不小于1/12，施工仰拱成环面，距离开挖面不大于(1～1.5)B(B为开挖宽度)；而采用浅埋暗挖法施工的地铁则要求矢跨比为1/6～1/5，仰拱厚度为1～1.2m。

(6)预支护问题

预支护类型见表3-2。

预支护类型　　表3-2

类　型	适用条件	技术条件
超前锚杆	Ⅳ～Ⅴ级围岩，开挖临空面后的数小时内可能剥落或局部坍塌	沿拱上部的纵向或沿拱脚附近的横向设砂浆锚杆
小导管注浆	Ⅴ级围岩，自稳能力很低	沿拱上部的纵向或沿拱脚附近的横向设ϕ42mm～ϕ50mm、长3～5m的花管，管内注浆
管　棚	Ⅴ级及以下围岩，无自稳能力，或浅埋隧道及其地面有重要建筑物	沿隧道外沿设$\phi \geq$80mm、长$L \geq$10m的花管，管内注浆，管外端支于钢架上

钢拱架作用：对于岩质条件较差的浅埋大跨度隧道，隧道围岩开始就要求支护结构提供较大支撑力，以维持隧道围岩与支护结构共同作用受力平衡状态稳定性，喷射混凝土开始还不能提供足够强度，而具有一定强度、刚度和稳定性的钢拱架就能有效发挥作用。

地面变形问题：与城市地铁隧道相比，山岭隧道修建有许多不同特点，其中重要的就是严格控制地面沉降和地面水平位移。

支护作用力问题：新奥法指出，岩体隧道开挖后自稳时间内衬砌越紧跟，作用在衬砌结构上的荷载就越大；而北京市地铁复兴门折返线土体隧道的施工经验表明：闭合长度越长，作用在衬砌结构上的荷载就越大(两者相反)。

3.7.2　流沙、突水、突泥地层的防塌技术

(1)流沙原因与防治原则

流沙是沙土或粉质黏土在水的作用下丧失其强度后形成的，多呈糨糊状，是对隧道施工危害极大的地质灾害。流沙会引起围岩失稳坍塌、支护结构变形甚至被破坏，进而引起大塌方。为防止流沙现象发生，应了解流沙的发生原因及控制技术。

沙层的稳定是靠其颗粒重量和颗粒间的摩擦力来维持的，当沙层中含水且

含水率超过一定限度时,其有效应力就减小,沙体因此发生坍塌。所以,隧道施工在通过流沙地段时,必须先治水,以减少沙层含水率。应坚持调查预测,如采用超前钻探等,了解潜在流沙区域的范围规模与特性,注意分析沙土层本身的含水率、地下水状态和地面水补给状态。

隧道施工在通过流沙地段时,处理地下水问题是解决隧道流泥、流沙、突泥、突水引起塌方的关键技术措施。施工时,要因地制宜,采用"防、截、排、堵"的综合治水措施。**防**:建立地面沟槽导排系统,进行仰坡地面局部防渗处理,防止降雨和地面水下渗。**截**:在正洞之外水源一侧,采取深井降水措施,将储藏丰富的构造裂隙水通过深井抽排出来,减少正洞的静水和动水压力,从而对地下水起到拦截作用。**排**:有条件的隧道施工,在正洞水源下游一侧开挖一条低于正洞仰拱的泄水洞,用以降排正洞的地下水,或采取水平超前钻孔、真空负压抽水的办法,排除正洞的地下水。**堵**:采用注浆方法填充裂隙,形成止水帷幕,减少或堵塞渗水通道。应根据工程地质、水文地质条件和地下水的性质、类型、储存部位,以及工期要求和经济效益等因素综合分析,合理选用流沙的防治措施。

对于隧道施工浅埋流沙地层地段,有条件时,可采取以堵为主、以降为辅的施工方法。开挖过程中采用喷射混凝土随时封闭,不让沙层涌流逸出。由于沙层垂直压力和侧压力都很大,因此要加强支护,加强支撑刚度。

对于潜在流沙洞段,施工基本方针为:先治水,先护后挖,随挖随封闭,加强刚性支护,尽快成环。

(2)流沙地层防塌施工技术

隧道施工通过流沙地层地段时,应根据工程实际条件选择下列开挖方式:人工开挖、风镐开挖、机械开挖。开挖方法原则上应采用台阶环形开挖法或其他分部开挖方法,分部断面要小,循环进尺要短,自上而下开挖。不应采用下导洞法自下而上开挖。只有决定采用排水方案时,才容许采用下导洞开挖法。经过工程实践比较,可以认为,对大跨和大断面,必要时可采取侧壁导洞法或 CD 留核心土法开挖。

根据超前地质预测预报判断的流沙特性、地质构成、粒径、相对密度、塑性指数、地层滞水层分布、地下水透水系数与压力、地层承载力等,制订先护后挖的预注浆和超前支护方案。

①预注浆方案:

a. 对于流沙处于流塑流动状态、无强度的地层,必须采用全断面深孔或浅孔注浆;对于规模大、地下水压力在 1MPa 以上的地层,应该采用高压深孔全断面预注浆;对于地下水压力较小、流水范围较小的地层,可采用低压浅孔全断面预注浆。

b. 对于沙层处于半固态或固态至可塑状态，而强度极低或无强度的地层，可考虑选择低压浅孔全断面或周边低压浅孔预注浆方案。

②超前支护方案：

a. 对于有一定强度的半固态或固态沙层，可采用超前小导管预注浆法加固围岩。

b. 对上述采用预注浆方案的地层，可采用小导管超前支护或插板法超前支护。

对掌子面喷不小于15cm厚的混凝土并进行密封（尤其是对流动状态的流沙），以防涌泥、涌沙、突泥、突水的事故发生。采用台阶法开挖时，上半断面设置临时仰拱，初期支护用刚性支撑＋喷射混凝土。上半断面开挖后，为防止拱脚下沉而造成坍塌，顺利地进行台阶下部开挖与支护，必须打设拱脚锁脚锚杆，必要时还应考虑打设拱脚锚桩。另外，应做好以下相关试验工作：注浆后做压浆试验或压水试验，检查注浆效果，确认是否已达到开挖后不涌沙、涌泥的程度；必要时做岩芯的强度试验或点荷载试验。

用台阶法开挖下半断面时，采用两侧交错开挖法，严禁对开马口，要挖一榀支护一榀，挖好一边支护好一边，并尽快开挖、封闭和早做仰拱。对于必须采用侧壁导洞法或眼镜法开挖的大断面，除了要按上述办法处理外，分部断面应尽量小些，做到“步步为营”，阶段成环，严格封闭。

初期支护形式：喷射混凝土＋钢筋网＋系统注浆锚杆＋钢架支撑。要求支护尽早闭合，连成整体。对于初期支护，必须强调钢筋网设备的重要性，一是流沙地层挂网可增加喷射混凝土与沙层的黏结力，二是保证喷射混凝土厚度达到设计厚度，才能起到封堵流沙的作用。对于喷射混凝土后发生剥落的地方，要随即补喷，加以封闭，同时必须使用喷射混凝土随时封闭掌子面。钢架刚度比一般地层要大，最好采用型钢支撑或刚度大的网构拱架。网构支撑在未喷射混凝土或喷射混凝土强度未达到使用强度时，沙土压力往往会使支撑在此前发生变形、失稳。注浆锚杆必须加垫板，并随时拧紧螺栓。

通过排水可以疏干流沙，增加强度，可以使流沙地层由流动状态变为塑性固态。根据工程实际情况，可以选用不同的排水方案。

①采用排水方案的原则是排水不会带走大量砂土，不会造成围岩空洞而发生坍塌。对排水方案的选择要慎重，要做可行性研究。采用真空泵吸水、深井泵扬水的方法，能保证粉砂不被带走。

②对浅埋隧道和城市地铁隧道，有条件的可在地面进行井点降水，可以采用地面井点降水法。

③采用平导法施工的正洞,可采用平导排水方法。

④在隧道内可设中央下导洞、侧式导洞或其他辅助导洞进行排水。

⑤在掌子面使用钻机钻深孔,进行掌子面疏水。该方法可与掌子面注浆结合在一起,从而起到排、堵地下水和加固围岩的作用。

⑥掌子面每次开挖之前必须打超前探孔,一般可用风钻在掌子面打两个浅眼,超前2m探明地层状态,以便决定是否要采取技术措施后再行开挖。

⑦在初期支护地段或掌子面发生流沙时,必须停止掌子面开挖,待封堵完好,并找出原因,采取有效措施后再行开挖。

(3)涌水处理方案

隧道通过的地层含水、渗水、涌水和具有地下水水压,这些现象都是客观存在的。地下水对隧道的危害主要有:软化软岩,使土压增大,促使破碎带崩塌;黏土、土质岩和膨胀岩膨胀,围岩流变;无胶结围岩流动化,围岩崩塌,丧失稳定等。总之,地下水的存在会造成软岩、土、沙层荷载增大,承载力降低,稳定性下降。大量地下水与高水压常会酿成洞内突水、突泥、突沙、地面沉降、地面水源枯竭等重大事故。

为了防止隧道施工中地下水引起灾害,必须根据隧道工点的实际地质与水文地质条件和施工方法,对地下水进行调查和有效控制。调查内容包括地下水水位、动态、大小、水压、水质和补给方式等。根据调查结果,结合围岩条件、隧道埋深和周边环境等综合因素选择涌水处理方案,并做出具体的施工设计。控制地下水的有效方法有两种:排水和止水。止水方法常常与围岩的加固相联系。可供选择的主要处理方法详见表3-3。

处理地下水的方法 表3-3

处理涌水对策	堵水	冻结	排水			降水	
方法名称	注浆施工技术(单液、双液)	冻结法	导洞排水	底设导坑排水	排水钻孔	深井降水	洞内井点降水
简图	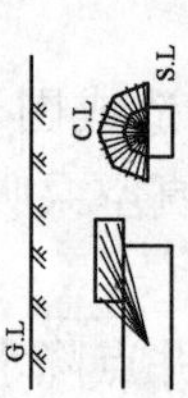	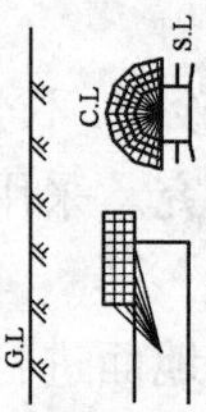	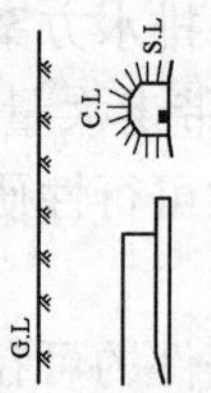	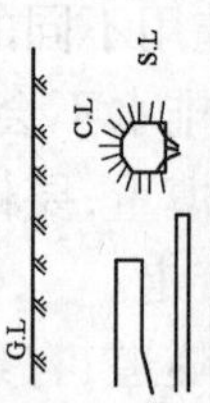	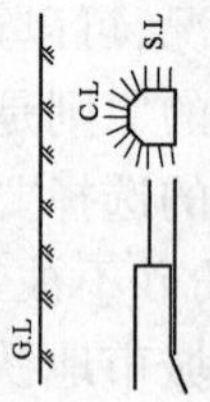	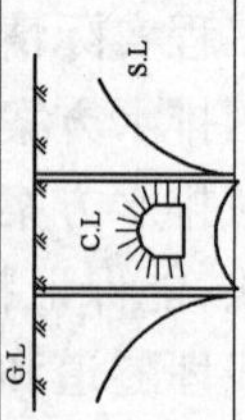	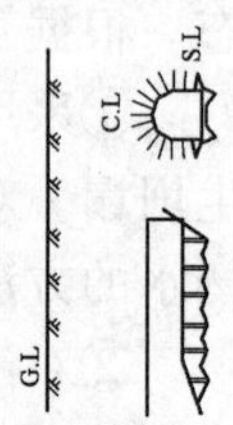

续上表

处理涌水对策	堵水	冻结	排水			降水	
适用条件	可注性地层：①水量较小，水压较底；②浅埋隧道地面注浆；③深埋隧道掌子面深孔或浅孔预注浆；④水量大、水压高时，与排水相结合进行注浆	①饱和土层、沙土、淤泥；②城市地铁不容许地下水流失；③当无法进行注浆堵水和保持掌子面稳定时，冻结法成为唯一选择时应用	①利用渣坑道作为排水坑道；②水量较大、压力较高时，为处理涌水设置侧导洞，兼做地质调查	①涌水量很大；②城市地铁不容许地下水流失；③当无法进行注浆堵水和保持掌子面稳定时，冻结法成为唯一选择时应用	①深埋隧道；②地层透水系数较大	①深埋或浅埋隧道通过含水地层，且围岩具有可降水性能时应用；②对埋深很大的隧道和地质构造复杂的地层是否适用，需经试验确定；③埋深在30m以内较合适	透水系数大的地层，井深小于10m
效果评价	①实用；②效果好，起到堵水与固结围岩的作用；③需要注意地层的可注性，根据具体情况采用单液或双液注浆	①有针对性地使用；②较难达到预期效果；③施工作业复杂	实用、有效	①实用、有效，能排除大量涌水，大大降低水压；②有稳定掌子面的作用；③底部基本上能达到无水作业	①实用、效果好；②同时起到探查前方地质条件的作用；③有稳定掌子面的作用	①实用、效果好；②底部基本上能达到无水作业条件	①实用、有效，透水系数越大，效果越好；②底部基本上能达到无水作业条件
工期	掌子面必须停止施工	掌子面必须停止施工，循环时间长，工期长	掌子面与排水导洞可同时作业，对掌子面施工有一定影响	掌子面与排水导洞可同时施工，互不干扰	掌子面钻孔与排水钻孔同时进行，几乎无干扰	对掌子面施工无影响	对掌子面施工有一定影响
费用	较大	大	小	很大	小	中等	小

续上表

处理涌水对策	堵 水	冻 结	排 水			降 水	
方法使用说明	①在地面对浅埋隧道进行低压注浆,达到堵水与固结围岩作用;②对深埋隧道在掌子面进行深孔或浅孔预注浆,注浆压力要求较高;③当水量大、水压高时,与排水相结合进行注浆,注浆压力按水压大小来决定	①在掌子面打注浆管、冻结管、测温管,使用专门冻结设备和化学材料对掌子面前方地层进行冻结;②需解决好掌子面稳定和解冻后变形两大问题	①在掌子面打一侧式小导洞,超前一定距离,起到排水减压作用;②导洞自然排水	①在正洞底部打排水小导洞,并超前一定距离;②最好兼做永久排水导洞,导洞自然排水	在掌子面采用钻机打大孔径排水孔,同时下钢花管对掌子面前方进行疏水和排水,形成管道自然排水	在地面打深水井,使用高扬程潜水泵抽排涌水,起到降低地下水位的作用,达到掌子面无涌水的效果	在掌子面附近打一些浅孔,用潜水泵抽地下水,起到降低地下水位和疏干掌子面的作用

3.7.3 监控量测与信息反馈

围岩基本平衡稳定是监控量测的前提,同时,监控量测结果也为保持围岩基本平衡稳定的结构提供修正借鉴与指导。而监控量测数据对施工的反馈是指在地下工程开挖过程中,根据施工信息,对施工前预设计所确定的结构形式、支护参数、施工工艺、施工方法以及各工序施作时间等的检验和修正,贯穿于整个施工过程。对施工的反馈指导主要包含以下内容:监控量测掌握地层变位规律,判断围岩稳定性并调整支护参数,确定二次衬砌施作时间。

(1)监控量测掌握地层变位规律

根据监控量测所掌握的地层变位规律,采取相应施工对策,确保围岩安全稳定。浅埋暗挖法施工的隧道在开挖过程中会有明显的围岩变位,通常在离开挖面前方10m(约1倍洞径)开始出现先向上后向下的变位;也会造成明显的地面沉降(图3-37),甚至引起掌子面塌方、贯穿地面塌方和边墙塌方。若拱脚钢支撑处理不当,背后填充注浆不及时、不认真,地面在8~24h内会发生明显的下沉。所以,采用浅埋暗挖法施工时,必须把地面沉降和拱顶下沉的监控量测放在很重要的地位。

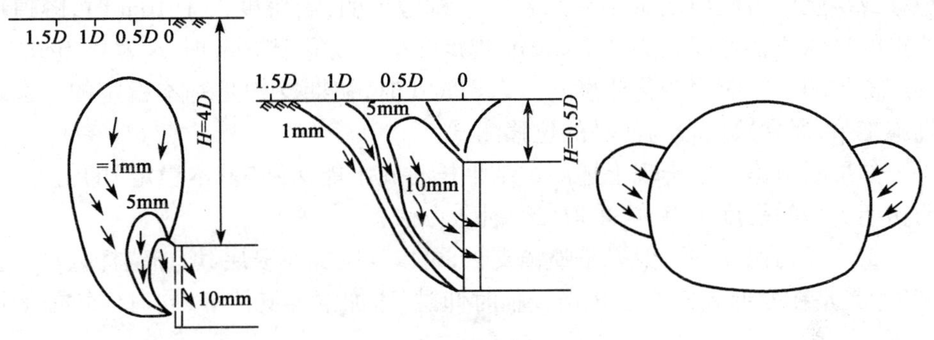

图3-37 变位超前产生的规律

在施工监控量测中,要注意松散砂砾石地层的位移假滞现象,因在该地层易产生摩擦拱,这是形成假滞的原因,决不能被这种现象所迷惑。所谓位移假滞现象,是指围岩和支护结构的位移在某一段时间内似乎已经停滞,后因围岩内部的变化或外来的扰动而使围岩位移"死灰复燃"。这种位移假滞现象的复活,会使支护承受数倍的外力,导致已初期支护的隧道发生坍塌,例如军都山铁路隧道施工中就曾出现过几次初期支护由稳定到失稳塌方的事例。在北京地铁砂卵石松散围岩地层中,对地面位移的监控量测经常看到假滞现象,出现在初期支护封闭以后,变位出现一会儿平稳一会儿增大的现象,说明受地面运输车辆的影响而产生假滞现象,后来对该区段进行了支护加固、背后填充注浆和2~3m的固结注浆,最后才真正稳定。

(2)根据监控量测数据判断围岩稳定性并调整支护参数

位移变化速率是判断围岩和结构稳定性的重要指标,如图3-38所示。图3-38中曲线①,位移变化速率不断下降,最后趋于稳定,说明围岩是稳定的;曲线②,位移变化速率大,而且收敛很慢,此时应加强支护,若曲线一直发展,斜率没有下降的趋势,则表明已出现危险征兆,应采取紧急而特殊的措施;曲线③,是围岩失稳的标志,施工单位应立即处理,以免造成塌方,处理的同时要报各有关单位速到现场研究对策。

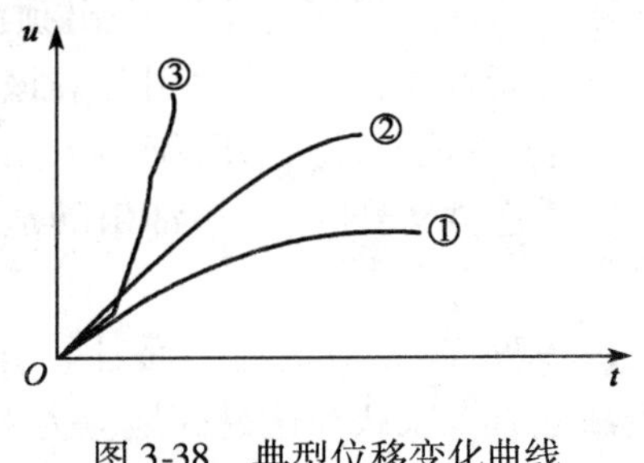

图3-38 典型位移变化曲线

(3)确定二次衬砌施作时间

一般规定在初期支护基本稳定后开始施作二次衬砌,这里的“基本稳定”通常是指支护所受的压力不再增加,围岩的位移值基本上不再变化,因此,可以用位移或接触应力两项测试结果来控制。试验证明:当跨度大于10m时,隧道周边点的径向位移速度 v_h 为0.1mm/d;当跨度小于或等于10m时,v_h 为0.2mm/d。隧道支护的接触应力变化速度 $v_p < 5.0$Pa/d时,初期支护是基本稳定的。在现场施工中,通常采用较为简易的位移测试。

如果隧道施工中出现上述测试结果长时间不能达到“基本稳定”的情况,说明初期支护的强度不够,应采取以下补救办法:

①加强初期支护。如果是喷锚支护,可以挂网加厚喷层、增加锚杆数量与长度(尤其是在变形大的部位)、增设临时仰拱、增加钢架支撑等,同时应暂停掘进作业。

②立即施作钢筋混凝土套拱,该套拱可以作为今后二次衬砌的一部分。

③改变施工方法,调整工序,缩短台阶长度、开挖进尺及采取其他应急技术措施等。

以上部分“浅埋暗挖法”思想和典范工程实例,集中体现了地下工程围岩与支护结构共同作用下受力平衡状态的稳定性,确保地下工程质量和施工安全,具有广泛的优越性,值得广大地下工程工作者认真学习和效仿,并在实践中发扬光大。

3.8 典型工程施工中的平衡稳定问题介绍

(1)铁路专家解决隧道技术难题的启示

1984年,某隧道正在京广线下40m处穿过。该处岩溶发育富水,隧道掘进中突水冒泥阻碍施工,地面坍陷,形成十几个大坑,危及京广线行车安全。铁路专家吴成三吸取某隧道排水的教训,认为排水造成了地面坍陷,对有压力的水应采取封闭,即“以堵为主”,提出预注浆形成帷幕堵水,再行掘进。注浆后,地面水位逐渐恢复,不再发生坍陷。该方法大胆打破了我国隧道工程中多年来“以排为主”的惯例,走出了隧道施工的一条新路。后来该方法被推广应用于大瑶山隧道通过9号断层、军都山隧道通过泥石流和花果山等隧道,都取得满意的效果。

1979年,某隧道通车后,因一段整体道床凸起30cm,造成行车中断。一位资深地质专家认为这是高地应力引起的,早晚要坏,建议另修一座隧道。吴成三根据自己多年的实践经验和国外的研究,建议加做强大仰拱成环,形成抗弯、抗扭性能强的整体结构。该方法被采纳，隧道经修整后安全运营至今未发生问题。17年后，该方法被吴成三加以改进，再次用于家竹箐隧道，又取得成功。

1996年，被称之为"天下第一险洞"的家竹箐隧道，是集"高地应力、大涌水、高瓦斯"于一身的施工"拦路虎"。高地应力引起的大变形地段坍塌不止，严重影响施工进度和人身安全。吴成三及时建议采用加仰拱成环措施（即著名的"成环法"），画出成环的施工草图，标明钢筋直径，用以指导施工。照此施工后，大变形随即停止，附近几座隧道也采用此法，均立竿见影。由于改变了施工方法，还减少计划使用的锚杆64 191延米，仅此一项就节省资金2 540万元。吴成三提出的"成环法"，解决了隧道变形的难题，使工程提前建成通车。

（2）南京地铁软流塑地层暗挖隧道施工的借鉴

为解决地铁隧道在软土中采用矿山法暗挖掘进的技术难题，结合南京地铁鼓玄区间软流塑地层的工程特点和难点，阐述国内首次在城市建筑物下的地铁软流塑暗挖隧道施工的具体措施，即大管棚+小导管超前支护、掌子面超前注浆加固，并通过监测信息反馈施工结果。总结分析其成功经验，供以后类似工程借鉴。

软流塑地层隧道施工以"管超前、严注浆、短开挖、强支护、早封闭、勤量测"十八字方针为基本的指导原则，施工流程遵循"先加固，后开挖，先附属，后主体"的先后顺序，工艺控制以"动态管理、动态控制，加强量测、信息指导，总结经验、优化方案"作为控制手段，施工步骤详见图3-39。

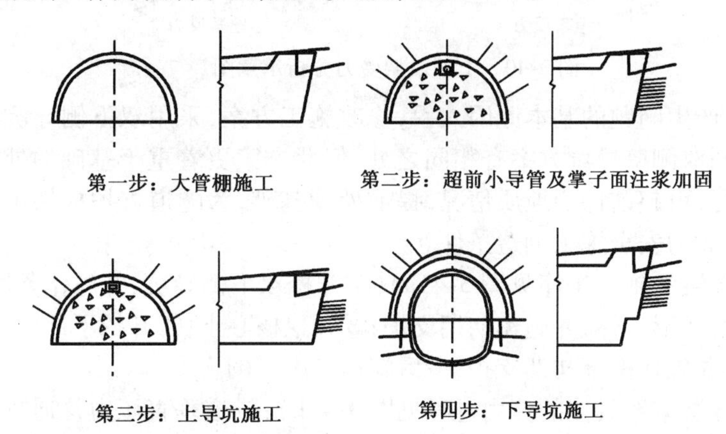

图3-39　施工步骤

（3）浅埋软弱隧道下穿公路的施工方法

某隧道是一座软基浅埋分离式隧道，洞身上方为坡积土区，该段隧道埋深为

2～17m 不等，隧道建筑限界宽为 10.25m，净高为 5m。

隧道进口浅埋软弱围岩段最初施工中，采取超前大管棚注浆支护加固地层后，按台阶法施工，该项方案起到了稳定掌子面、加固拱部地层的作用，但因隧道位于堆积土中，且土层松软、含水，地基承载力低，不能形成有效地基梁承载结构而出现隧道拱顶下沉、围岩收敛量超出设计预留量，地表出现不同程度的下沉及开裂，拱脚局部有开裂的现象。从已支护成型的支护结构看，拱脚喷射混凝土开裂、脱落，拱脚钢架扭曲，拱顶支护未见大的异常。这说明拱顶的垂直压力通过拱架整体下沉进行释放，拱脚部位属于开口结构（未封闭成环），同时土体松软无法提供足够的水平摩擦力，导致拱脚向内侧变形，最终导致初期支护结构的喷射混凝土开裂，钢架扭曲。台阶法上部拱架受力如图 3-40 所示。

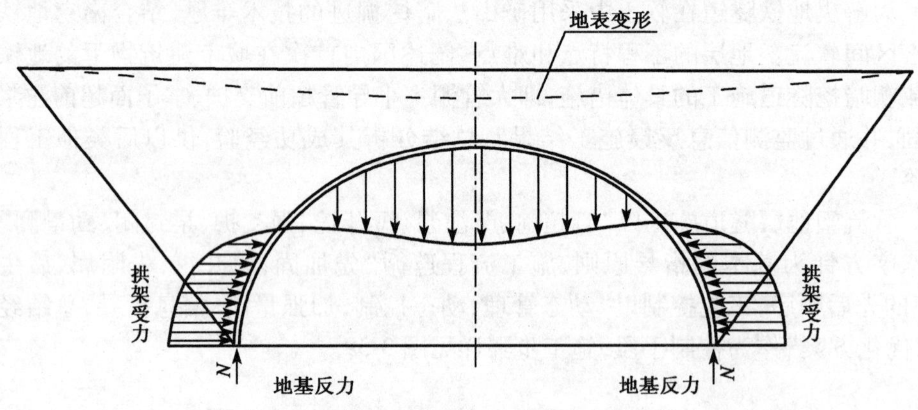

图 3-40　上部拱架受力分析示意图

为此，从产生问题的基本原因入手，修改施工方案，采用双下侧导坑施工方案。此方案同双侧壁导坑方案有相同之处，但此方案更着重于基础的处理。导坑的施工先行，可超前探明地质情况，提前处理基础，为隧道支护提供足够的地基承载力，从而为安全施工创造条件。

双下侧导坑的施工工序见图 3-41a)：①开挖双下侧导坑，并施作条形基础；②开挖拱部的环形土体，并施作初期支护；③开挖核心土；④开挖下部土体，回填左右侧导坑，并施作下部初期支护；最后施作二次衬砌。

双下侧导坑方案具体的传力过程见图 3-41b)：隧道垂直压力是通过拱架传至整体的条形基础，从而大大减少拱架及地表下沉的可能性；隧道的侧压力通过条形基础底部传至下部原状土再传至另一侧的条形基础，形成了一个封闭的结构，围岩变形也因此大大改善。下部中心土开挖时因设计有底部仰拱，所以结构仍是封闭成环的。

进洞开挖前，沿隧道上方公路路肩外1m约20m长范围打长度为13m的两排φ89×8mm有孔钢花管注浆，梅花形布置，间距1m，外露1m，钢管要求深入强风化砂岩1.5m。有孔钢花管应从两侧向中间施工，必须保证注浆完成后才能施作下一根。注浆采用水泥—水玻璃浆液：水泥与水玻璃体积比为1：0.5，水泥浆水灰比为1：1，水玻璃浓度为35玻镁度，水玻璃模数为2.4，注浆压力保证初压0.5～1.0MPa，终压2.0MPa。注浆结束后应及时清除管内浆液，并用M30水泥砂浆紧密填充，以增加刚度和强度。注浆参数应在施工中不断调整，以尽量保证钢管之间浆液充填饱满，形成稳定壳体。

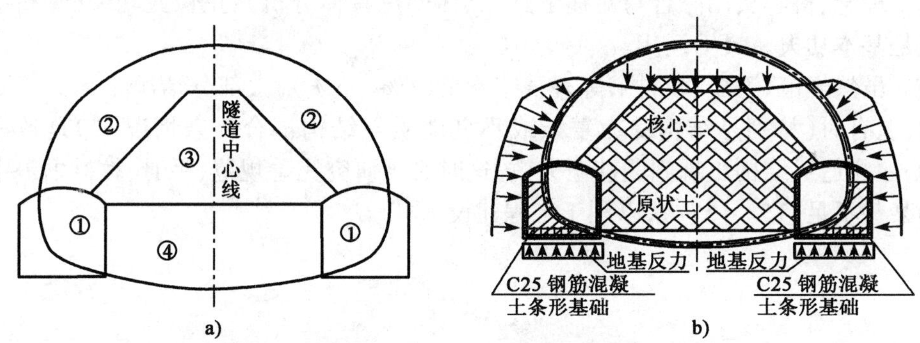

图3-41　双下侧导坑的施工工序及受力分析

a)双下侧导坑的开挖工序；b)施工受力

施工时，先进行双下侧小导坑开挖。小导坑明挖段和过渡段采用全断面I20a工字钢和挂网喷射混凝土支护，暗挖段采用钢格栅、挂网喷射混凝土支护。小导坑开挖穿过二级公路后，进行小导坑内部混凝土条形基础施工，混凝土条形基础施工时从洞内向洞外施工，采用混凝土输送泵进行模筑。根据工地条件，在导坑条形基础施工时，钢筋在导坑内绑扎关模后，采用泵送C25混凝土进行施工，先施工水平条形基础后，安装拱脚，再施工竖直条形基础。基础施工完成后进行正洞上半断面开挖，上半断面与下半断面间距不大于15m。当然，两条隧道的双下侧小导坑开挖和支护方法基本相同。

在导坑整体条形边墙基础施作完毕后，进行洞身开挖。首先对隧道周边围岩按施工设计进行超前预加固，然后进行分步平行开挖。按照“短开挖、强支护、早成环、勤量测”的施工原则进行施工作业管理。

针对下穿公路的软基浅埋隧道，提出以处理基础为主的双下侧导坑施工技术，并给出此段隧道的辅助施工措施与工序。目前该隧道工程已经竣工通车，表明本文提出的施工方法及工艺是合理的。双下侧导坑的施工先行，不仅可提前处理基础,为隧道支护提供足够的地基承载力,还能超前探明地质情况,从而为安全施工创造条件,取得了显著的经济和社会效益,具有重大的工程意义,可为其他类似的工程提供重要的参考经验。

在隧道的施工中,并不介意采用什么理论和施工技术,而应在规范基础上根据具体隧道围岩地质的各方面综合条件,采用经济、适用、合理的设计和施工方法,甚至是多种方法的综合运用。但是合理施工方法或多种施工方法的综合运用,必须在隧道建造中同时满足"充分发挥围岩的自承能力"、"保持平衡稳定"、"基本维持围岩的原始状态"、"开挖能量最小原理"等判别原则,真正做到遵循基本理念、科学实用融合与对症下药(具体问题具体分析);正像武功一样,高手就是基本功夫+灵活运用。

虽然规范、手册、教科书等有某些不足(1%~5%),大部分情况是无关紧要的;但有时(特别是结构受力复杂或不良地质与结构耦合复杂情况)却是致命的,往往造成结构出现问题甚至失效,这时必须研究完善规范、手册、教科书等中的某些不足(1%~5%),以利于工程建设。

第 4 章　隧道安全施工中的平衡稳定问题

4.1　对初期支护施工顺序的基本认识

合理的隧道开挖与初期支护顺序是确保施工过程安全的重要手段。喷射混凝土、锚杆、钢筋网、喷射纤维混凝土、钢架、钢格栅、管棚、小导管注浆等都是隧道支护的技术措施，认识各个支护单元的作用和施作方法是选择施工顺序的基础。要根据围岩的稳定性差异，合理采用柔性支护、刚性支护或预支护方案并及时支护。

(1) 围岩稳定性较好洞段的支护顺序

围岩稳定性较好的普通洞段，可以按正常的支护顺序施工，如较完整的 III 级或 II 级围岩洞段，可采用如下的支护顺序：初喷混凝土→钻锚杆眼→安设锚杆→注浆(安装止浆塞、垫板)→挂设钢筋网→喷射混凝土到设计厚度。

(2) 不利结构面切割的 II 级、III 级围岩或破碎围岩的支护顺序

对有不利结构面切割的 II 级、III 级围岩或围岩破碎的支护顺序，应相应作出调整。

①不利结构面切割的 II 级、III 级围岩的支护顺序

不利结构面切割的 II 级或 III 级围岩，由于节理发育和不利的结构面切割，如不及时支护有可能造成坍塌事故。工程实践表明，在爆破扰动和凿岩机冲击扰动以及裂隙水的作用下，很容易加速块体失稳。施工顺序为：挂设钢筋网→一次喷射混凝土→钻锚杆眼→安设药包锚杆→挂设钢筋网→喷射混凝土到设计厚度。

根据现场施工实际情况，从安全角度考虑，可以挂设双层钢筋网。为了尽早发挥锚固作用，应该改为快速锚固的锚杆，这样有利于维持围岩的稳定。应特别指出的是，该类情况应及时施作初期支护，即应一炮一支护，防止出现意外伤亡事故。

②破碎围岩的支护顺序

破碎、弱风化、中等风化围岩，节理发育、破碎，但无地下水、节理面密闭的围岩，短期内基本自稳。其施工顺序为：初喷混凝土封闭→钻锚杆眼→安设药包锚杆→挂设钢筋网→喷射混凝土到设计厚度。如果将网喷混凝土改为喷射纤维混凝土，会节约时间、简化工艺、提高工效。

如果在以上两种情况下，地下水发育，有较大面积淋水、涌水、围岩强风化或不利结构面明显、节理密度大、张开造成屡次掉块、坍塌时，应考虑采用预支护。

③钢架支护的施作顺序

有钢架（格栅钢架、型钢钢架）的支护施作顺序为：初喷混凝土→架设钢架、挂设钢筋网→钻锚杆眼、安设锚杆、注浆→加固钢架（锚杆、连杆、顶铁）→喷射混凝土到设计厚度。这种施工方法，一般适用于Ⅴ、Ⅳ级围岩，并应遵循"短开挖、弱爆破、强支护、快封闭、勤量测"的原则。但是也要分工序，自上而下初喷混凝土，自下而上安设钢架、挂设钢筋网、钻锚杆眼、安设锚杆、注浆、加固钢架（包括锚杆、连杆和顶铁）。在隧道纵向要注意从后向前施工，确保作业人员安全。该类情况应及时施作支护，即应一炮一支护，做到安全生产。

作为预支护手段之一的钢架要想充分发挥其支撑能力，就必须规范施作好锚杆、纵向连杆和顶铁，使钢架相互之间连成一个整体，同时与围岩紧密相接，这样可以防止落石冲击，并且能起到良好的支撑作用。

④块体坍塌围岩的隧道施工与支护顺序

坚硬围岩受不利结构面切割，会发生局部分离块体的坍落，容易导致安全事故，如图4-1所示为某隧道左洞进出口端洞顶岩块塌落及钢拱架残体。

根据现场观察，可以得出结构面的不利组合是导致洞顶岩块塌落的主要原因。构成岩块塌落的主要节理面有三组，如图4-2所示，节理 J_1 与节理 J_2 是两组陡倾角的结构面，其在平面上呈较小的夹角相交，根据现场判断这两组结构面的倾角均在65°以上；节理 J_3 是一组缓倾角的结构面，根据现场观察和推测，该组结构面倾角小于15°。三组节理的主要特征为：节理 J_1 是施工后可以被人们观察到的，这一组节理的延伸从右侧洞壁中下部至洞顶中部；节理 J_2 紧贴掌子面的顶部，从断开的裂面来看，裂面新鲜，属于硬性结构面；节理 J_3 为缓倾角结构面，出现在洞顶以上一定深度，根据其延伸的情况，该缓倾角节理距洞顶人工施工面最小距离大于50cm，洞顶塌落前，该结构面不在施工面出露，无法观察。三组结构面构成了本次洞顶岩块塌落的基本条件。发生洞顶岩块塌落事故时，事故区正在进行锚杆初期支护。

该隧道岩块塌落是由于不利结构面组合造成的，都发生在初期支护施作过程中，锚杆和钢拱架均未能起到应有的加固作用，并且锚杆钻孔施工还会产生不同程度的振动，从而进一步降低了洞顶块体的稳定性。故在洞顶潜在岩块塌落洞段施工时，不能根据施工习惯，在初期支护距离掌子面适当距离施作锚杆加固大块体岩石，而应充分考虑在爆破扰动和凿岩机冲击扰动以及水的作用下，会加速块体失稳。因此，正确的施工和初期支护方式应是初期支护必须紧跟掌子面，做到一炮一支护,然后挂设钢筋网→一次喷射混凝土→架设钢架→钻锚杆眼→安设药包锚杆→挂设钢筋网→喷射混凝土到设计厚度。

图4-1　洞顶岩块塌落及钢拱架残体

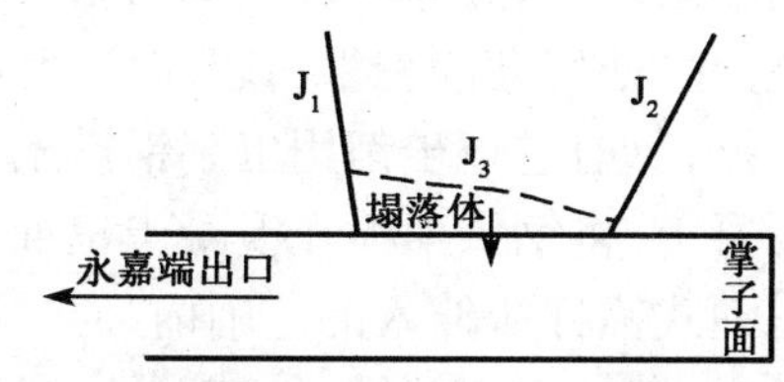

图4-2　洞顶岩体结构面关系示意图(纵剖面图)

4.2　隧道塌方处理中的平衡稳定思路与方案

4.2.1　处理塌方的基本思路

在隧道开挖过程中,由于对围岩认识不足,致使对支护参数、支护形式的选择不当及支护时间滞后,或施工质量不能保证而导致塌方事故经常发生。因此,在处理塌方问题时,同样应引进新奥法的思想,做到"充分发挥围岩的自承能力"与"基本维持围岩原始状态",使塌方的处理达到最佳效果。归纳起来,塌方可分为块状结构岩体中产生的塌方和松软破碎围岩塌方两大类型,应根据不同情况有针对性地处理。

(1)块状结构岩体中产生的塌方

块状结构岩体塌方主要是结构面和软弱夹层的不利组合所致。这类塌方塌落高度不太大,很少超过1.0倍洞径,塌落形状呈尖顶金字塔形。可以肯定,未受扰动部分岩体仍然有一定的自承能力,其应力分布状况极差,局部应力集中,拉应力分布极不均匀,但在一定自稳时间内的自承能力使围岩达到暂时稳定。因此,要利用这一时间调动与发挥这种状态下的自承能力来处理塌方。有经验的喷射手都清楚,在塌方后的暂时稳定时期,应立即施喷混凝土。在施喷时,仍会产生掉块,但喷到一定程度后,掉块就会停止,说明初喷成功。这就很大程度地延长了塌方空腔周边围岩的自稳时间,赢得了进一步加强支护作业的时间。处理前期,切忌出渣。因为松渣的存在,能抑制塌方的继续发展与扩大。这时应登渣作业,即网喷混凝土,安装锚杆。这种支护必须强化,如加钢筋肋,必要时再加格构梁。锚杆的深度宜为0.4~0.5倍洞径,并根据变形观测资料随时调整锚杆间距。松散塌落体以上部分处理完毕后,再一层层地下降进行锚喷处理,一直降到开挖底板。

(2)松软破碎围岩塌方

松软破碎地层中产生的塌方规模大,高度可达数倍洞径,甚至塌落通天。其塌落拱形状呈抛物线形,隧洞边帮岩石也可能遭破坏。这类塌方处理同样可以引进新奥法的思想,即要设法提高松散塌落体的整体强度,使其具有自承能力与承载能力。处理办法是采用超前管棚或超前管式灌浆锚杆,并给以预灌浆;然后朝前挖掘,每前进一步都用工字钢拱架支撑;再安装环向管式可灌浆锚杆,挂网再喷混凝土,将钢拱架喷在混凝土里面。这些工作完成后,最后进行环向灌浆,并在可灌式锚杆所伸入的范围内,通过灌浆组成一固结灌浆层,通过浆液无规则的穿透,松散体必定胶结了一部分,使原来没有强度的松散体,提高到每平方厘米数十公斤的承载强度。这种固结灌浆圈与工字钢拱架及喷混凝土层组成了一个强大的支承拱,它可以承受洞顶数十米高的塌方体压力。

总之,无论何种情况,都要围绕"充分发挥围岩的自承能力"与"基本维持围岩原始状态"的目标,采取适当的合理手段或方法,就可以防止围岩恶化和控制塌方范围,进一步达到处理塌方的目的。

4.2.2 某隧道塌方救援方案工程案例分析

正在建设中的某隧道(图 4-3)设计全长为 1 250m,塌方地段长达 25m,高 27m,塌方处距离隧道口 215m,而塌方时 8 名工人在距离隧道口 360m 处施工,因此还有近 105m 的安全距离。塌方呈漏斗形,地质条件属于强风化泥质粉砂岩,道路被崩塌下来的 7 000 多立方米的泥土堵塞。

图 4-3 某隧道洞口及洞内施工情况

(1)错误的塌方处置救援方案

2009 年 6 月 4 日 23 时 30 分左右,某隧道塌方事故发生;从 4 日晚至 5 日早,救援队一直采取在塌方处向里横向挖掘土方的施救方案,至 5 日早 10 时许,抢运出土方 4 000m^3。其错误原因:不符合"充分发挥围岩的支承能力"理念。

5 日早约 11 点,救援队实施了新的施救方案:将两台挖掘机吊到隧道顶部,从上往下纵向挖掘。该方案仍属错误方案，错误原因：容易造成更大塌方，在暂停顶部挖掘工作前，已经挖进了3m，如果继续从顶部挖掘，可能会引发新的坍塌，给被困人员和救援人员都带来危险。2005年某隧道坍塌通天后，部分专家建议利用塌腔做竖直排烟道，忽视了坍塌松散体做竖直排烟道没有支撑点，最后大多数专家否定了这个方案。

（2）正确的塌方处置救援方案

5日9时接通管道输送氧气确保生命延续；5日开始至6日中午12时20分，救援人员正式打通洞顶垂直生命通道（用钻机打通直径10cm，深27m的"生命通道"）。

经过救援人员反复论证，从隧道左线沿水平方向朝塌方的右线挖掘一个侧向逃生通道。侧向逃生通道长30m，为岩石结构，是设计方案中该隧道左、右线之间的人行通道，塌方之前已从左线向右线方向施工8m左右，从6日凌晨起，基本上在以每4h前进2.5m的速度施工，7日15时55分打通人行通道，被困8名工人全部安全救出。

（3）可行的塌方处置救援方案

6日上午制订了另外一个新的营救方案：在隧道塌方处，以洞壁和地面为支撑点挖一个"猫洞"，用钢板加固后，可以容一个人进出，这样就能让被困的8名工人通过这个洞获救，考虑坍塌落石而放弃，营救方案如图4-4所示。该方案正确原因：符合"充分发挥围岩的支承能力"理念。如果没有开挖侧向逃生通道条件，只能采用先在坍塌松散处喷射混凝土防止坍石滚落，再挖一个"猫洞"的救援方案。

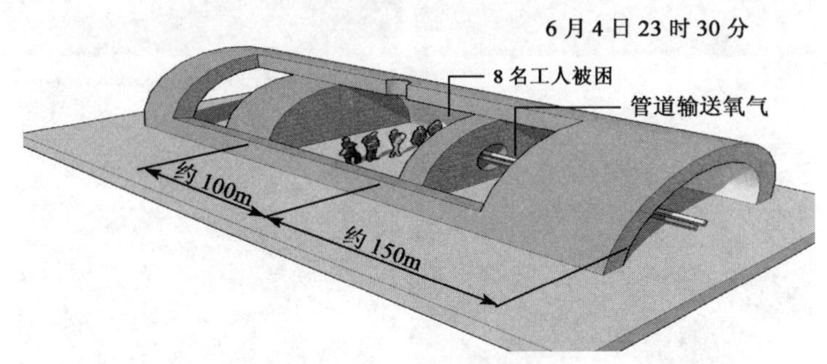

图4-4 隧道塌方营救方案

该隧道施工中最大的失误是做好初期支护处塌方前已有明显预兆（变形偏大或开裂），这时应该立即停止前方掌子面施工而加固此处初期支护，以防止塌方。2006年某隧道施工中也出现过类似情况，发现时立即停止前方掌子面施工,防止了意外的发生。

4.3 隧道洞口施工中的平衡稳定问题

工程实践中可以利用稳定平衡概念,指导隧道、边坡施工过程中的方案制订。在不稳定平衡状态下,施工顺序不同,维持平衡状态的力相差非常大。在不稳定平衡状态下,只要采用相应技术措施与合理的施工顺序,就可以使不稳定平衡状态不发生有害的转化,最终实现向稳定平衡态转化。

隧道洞口开挖,改变了地表形态,形成路堑、洞口边坡、仰坡,可能引起边、仰坡的坍塌,产生偏压,诱发滑坡等地质病害,处理这些问题同样可以利用不稳定平衡概念指导施工过程,防止地质灾害的威胁。隧道洞口段一般较洞身围岩条件差,埋深浅,受地形地质环境条件影响大,隧道洞口段应加强衬砌。洞口加强段衬砌通常是将围岩级别降低一级进行设计,隧道洞口段结构稳定才能保证洞口边仰坡的稳定;采用"先支护后开挖或反压回填、克服洞口偏压"常常是有效的方法(图4-5)。

图4-5 隧道洞口施工及效果图

在洞口不稳定平衡状态下，应确保洞口围岩与支护系统受力平衡状态满足"三维力学平衡与稳定、三维力与变形协调、三维变形协调与稳定"，就可保证洞口围岩与边坡的稳定。如图 4-5 所示就是根据地质环境条件，在施工过程中始终保持围岩的力学平衡和变形协调。

4.4 施工中失去平衡稳定导致的灾害问题

任何与生产力相适应的适用工法都可以选择使用，只涉及经济效益，并不是最重要的；而最重要的是全过程保持平衡稳定，即不但涉及经济效益，而且涉及施工和结构安全。要求建设者认真研究合理的施工技术，并在实际操作中贯彻实施。

(1) 某些公路隧道灾害的思考

某隧道 III 级围岩地段施工过程中，采用图 4-6 所示的柔性支护结构形式，一段时间后，柔性支护喷射混凝土开裂，再经历一段时间后突然坍塌。这说明初次支护要强，使其承受部分水压和全部土荷载，对浅埋和海底隧道则应承受全部水荷载和土荷载。初次支护能使隧道"基本维持围岩原始状态"，保持围岩与支护结构共同作用的受力平衡状态稳定，防止出现有害的松弛变形。二次模筑初砌作为安全储备。

a)

b)

图 4-6　某隧道塌方

a) 初次支护开裂；b) 坍塌

(2) 某深基坑大面积塌陷问题

某深基坑发生大面积塌陷事故，塌陷坑长约 75m，深约 16m，宽约 20m，如图 4-7 所示。经分析初步判定，事故原因主要如下：

①基坑底部没有或没做好预加固层导致突涌或突出变形，导致深基坑底部不稳定（图 4-8、图 4-9）。

②该段采用的是平面支护体系（即使平面支护也要设柔性连接，防止钢管

塌落而伤人),而不是空间支护体系(力矩不平衡、支撑垮塌),因此不能使基坑保持“基本维持围岩原始状态”,达到围岩与支护系统共同作用而平衡稳定(三维力与变形状态);两者共同致使基坑塌陷。

③基坑整体开挖不利于维持基坑平衡与稳定,应该引以为戒;如果施工工期合理,采用台阶法开挖,逐段封底,逐段推进施工(图4-10),也可维持基坑稳定,防止坍塌事故发生。

④该深基坑发生了大面积塌陷,支护体系(图4-8)发生了破坏,基坑边墙失稳(图4-9),主要是由于岩土性质和支撑体系不稳定所引起的。

a) b)

图4-7 深基坑塌陷现场与支护体系破坏情况

图4-8 破坏前部分支护体系情况

图4-9 基坑边墙的旋转变形情况

该施工段主要为软土,软土中支撑体系容易发生转动失稳,其转动点位于底部,因此 B 点是量测的关键点(图4-11),而非 A 点。而现场以 A 点的监测结果来指导施工,所以监测工作不到位。如果周边地面发生变形开裂后(变位最大值约30cm 时间约40d),施工中及时增加底部支撑,或者如果有一道底部支撑(图4-11),就有利于支撑体系的平衡稳定;即使发生小部分突涌,也不会引发两侧岩土体滑动,造成大面积坍塌事故。该深基坑发生塌陷事故关键是没有控制底部突涌和支护稳定。

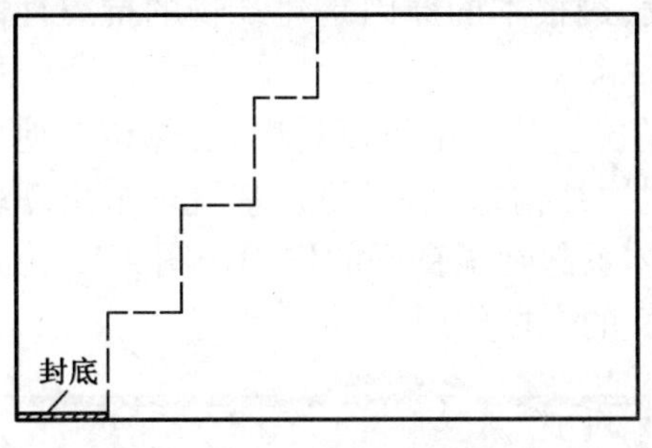

图 4-10　台阶法开挖，逐段封底

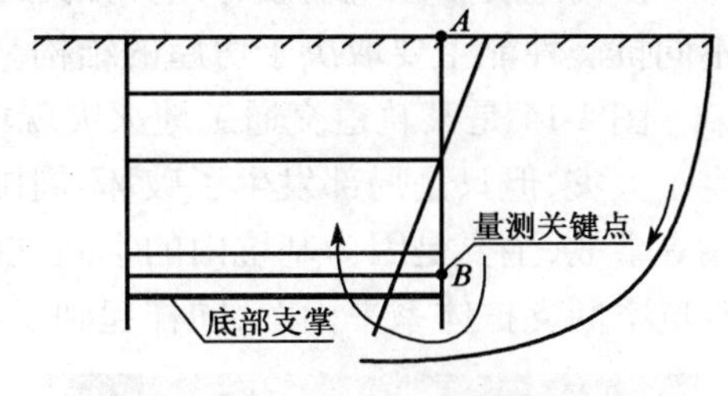

图 4-11　深基坑失稳机制分析示意图

专家提出了该在建深基坑工程必须遵循以下三点原则：

①基坑的开挖必须分层、分段，且开挖暴露时间不宜过长，每次分层开挖控制在 3m，分段开挖保证在 15 ~ 20m；

②基坑必须先支撑后开挖，并把握好支撑的细节，基坑的变形要求在受控状态；

③注意在雨天环境下基坑的及时排水，在完工后，要立即加固混凝土，确保基坑不变形。

这三点原则基本符合基坑与支护系统受力平衡状态稳定性要求。

(3)轨道交通和房屋结构安全类比的思考

在 2008 年汶川大地震中，有许多房屋经受住了考验，而有些却“不堪一击”。究其原因，主要是由于房屋的结构不同。如图 4-12 所示为某中学地震中倒塌的楼房，主要是因为墙板结构属于平面支护体系，而某民房在地震中遭到滚落石冲击而不倒塌(图 4-13)，主要是因为该房屋为框架结构，属于空间支护体系。

图 4-12　某中学地震中楼房倒塌

图 4-13　经历过大地震的某民房

汶川地震中建筑物破坏差异如此之大，最根本的原因是建筑物的抗震性能不同抗震性能主要取决于房屋的结构。

图 4-14 是某轨道交通工地火灾现场情况。从图中可以看出，虽然该工地发生了火灾，但只是局部发生了破坏，周围支护结构却完好无损，基坑也未出现坍塌等事故，主要是因为基坑内的空间支护体系起到了良好的作用。图 4-15 为某基坑空间支护体系平面图，同样起到了良好的支撑作用。

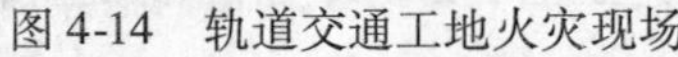
图 4-14　轨道交通工地火灾现场

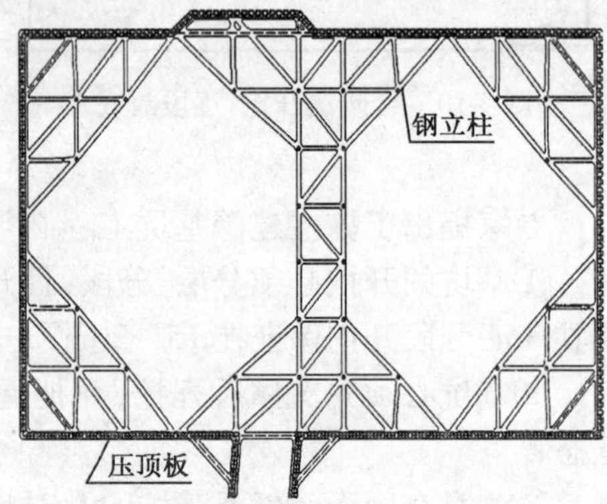

图 4-15　某基坑空间支护体系平面图

综上所述，墙板结构房屋在地震荷载作用下属于受力平衡状态不稳定体系，其余结构属于受力平衡状态稳定体系。

4.5　地铁或隧道强化平衡稳定的措施

(1)改进盾构施工技术的思考

盾构施工过程中，会引起局部开挖区无法及时加固和充填，现有的回填注浆技术水平难以达到充分回填加固效果，容易导致淤泥质粉质黏土或砂性土等软土层移位，影响周边管线和建筑安全。因此，改进盾构施工技术中的背后注浆工艺，解决隧道暂时不平衡区等问题具有重要的现实意义。

对于盾构隧道穿越自稳性极差的软土或粉细砂层时，衬砌结构与围岩之间的空隙存在暂时不平衡区(图 4-16)，其稳定性通过对衬砌结构背后及时注浆达不到预期效果，容易导致软土层移位，影响周边管线和建筑安全。而对于地层变形或沉降有严格要求的穿越城市盾构隧道或运营交通公路铁路隧道等情况，就必须高度重视暂时不平衡区的稳定性。

为防止上述事故发生，可通过改进盾构施工技术中的背后注浆工艺，对图 4-16 所示的暂时不平衡区进行填充，如图 4-17 所示，可以达到有利于控制地层变形的目的，即图4-17的工艺改进了盾构隧道施工过程。在对原盾构隧道施工过程模拟（图4-16）的基础上，可边掘进移动盾构，边充填泡沫粒或泡沫混凝土（图4-17），填充暂时不平衡区空隙，这种及时填充暂时不平衡区的微小缝隙，使其转为暂时填充区，然后给泡沫粒注浆，密实回填形成泡沫混凝土等混合体，有利于控制地层变形。

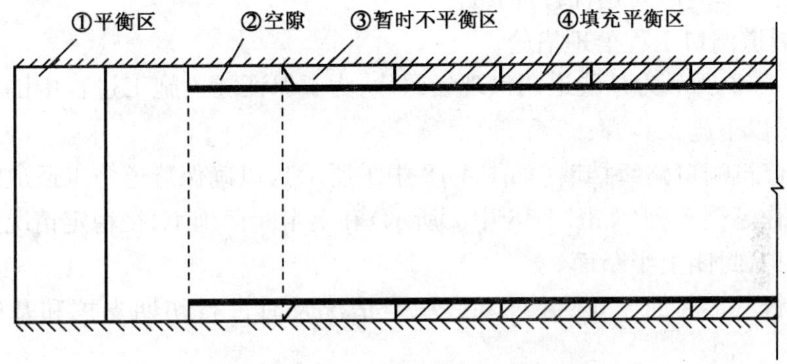

图4-16　原盾构隧道施工过程模拟

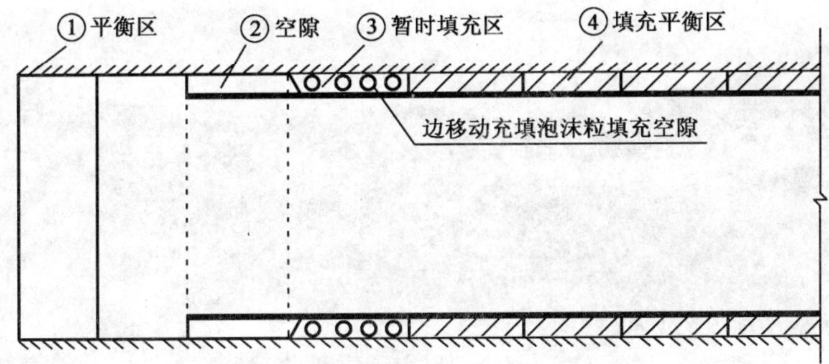

图4-17　改进盾构隧道施工过程模拟

（2）解决地铁列车振动过大的问题

某段地铁围岩为裂隙较多的岩石，采用钻爆法施工，由于爆破效果不太好，超挖现象较多，用碎石回填加注水泥浆。浅埋段采用顶部钻孔补注水泥砂浆，而深埋段则没有补注水泥砂浆。列车运行过程中，深埋段出现振动过大现象。对盾构管片打孔检查，发现有泥浆流出现象。根据列车振动反应规律，盾构管片底部填充物不均匀，与围岩变形不协调，竖向振动过大或不均衡，容易导致列车振动过大。因此，地铁盾构背后回填物应与管片和围岩强度、刚度相匹配。另外，对比模筑混凝土衬砌铁路隧道可能部分存在空洞不密实情况，但模筑混凝土衬砌整体与周边围岩接触还较紧密，不会产生列车振动过大问题。而盾构管片就有很大差别，水泥浆液介质就像管片与石质围岩之间的软层介质，造成整体结构刚度不匹配，就会产生列车有害振动。这样，不论围岩状况如何，在地铁管片背后回填惰性浆液介质，可能造成整体结构（管片、惰性浆液介质、围岩）刚度不匹配，同样会引起类似问题，值得商榷。

(3)隧道洞口工程处理措施

①图4-18所示为某隧道洞口现场照片，为了保证隧道施工过程中围岩的稳定，采取了以下施工步骤：

a. 先修筑洞口路堑挡墙（如图4-18中①所示），以确保隧道施工通道畅通。

b. 施作超前管棚（如图4-18中②所示）和上半断面施工，视稳定情况及时进行初期支护，封闭上半断面。

c. 进行下半断面施工，并视基底稳定情况及时进行初期支护和基底仰拱封闭。

通过以上施工措施，保证了该隧道的安全顺利施工。

图4-18　某隧道洞口现场

②图4-19所示为某隧道洞口现场照片，为了保证隧道施工过程中围岩的稳定，采取了以下施工步骤：

a. 洞口挖人字形倒沟，排除外部积水，洞内积水抽出洞外排走。

b. 每5～10m及时修筑仰拱，保证初期支护和围岩稳定，并防止隧道整体下沉和拱脚内移。

c. 由于洞内掌子面是密实土层，系统锚杆和超前小导管注浆没有效果，超前支护改用1.5～2m超前插板。

d. 由于洞内掌子面核心土台阶太短不利于掌子面稳定和施工安全,应该增加 2 ~ 3m,并且环向采用人工开挖,保护围岩稳定。

图 4-19　某隧道洞口工程处理措施

第5章 特殊环境隧道施工中的平衡稳定问题实例分析

隧道工程建设常常涉及特殊的工程环境和地质环境，如下穿已有道路、穿越富含地下水的坡积体、穿越断层破碎带、穿越河流或海底等。把握隧道施工中的平衡稳定问题至关重要。

5.1 隧道穿越运营公路铁路等合理施工实例

修建下穿已有道路的隧道，除了控制围岩坍塌、过大变形、突水和掌子面片落等工程事故外，还要控制道路的路面沉降小于一定限度，保证道路正常通行。因此，要选择合理的隧道修建方案，控制地层沉降，将对已有结构物的影响控制在允许的范围内。

某隧道下穿高速公路，拱顶距公路路面净距为3.5～5m，属于浅埋路段，如图5-1所示。隧道主要穿越全、强风化花岗岩，全风化层厚度较大，棕黄色，风化强烈（见残余结构），岩芯基本呈砂土状。地下水主要为基岩裂隙水，储存于破碎岩体内，水量较贫乏，受大气降水入渗补给，雨季水量会增大。

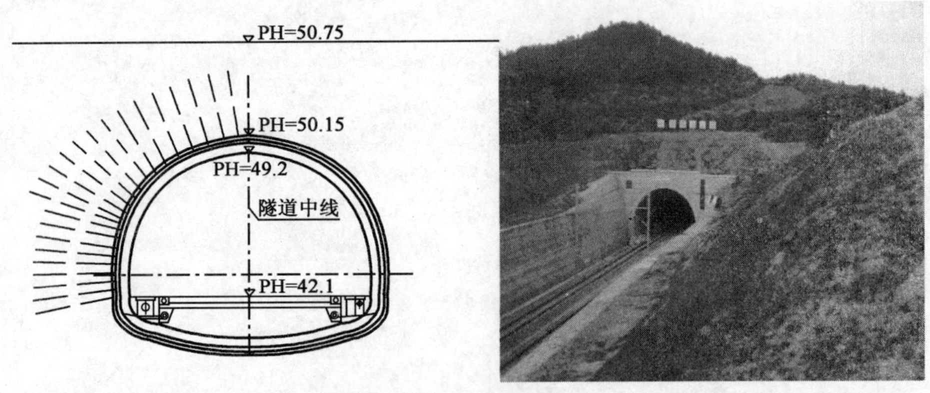

图5-1 隧道下穿高速公路示意图

在类似图5-1所示隧道施工过程中，为确保工程结构安全，可采用王梦恕院士等创立的“浅埋暗挖法”理论和施工技术，参照相关隧道设计、施工规范的有关规定进行设计和施工,并按太沙基或普氏理论确定围岩作用于衬砌顶部的压力和自承能力差的破碎围岩或软弱围岩预支护原理控制围岩变形。这时,划小断面分步开挖、短开挖、强支护及时封闭就很重要,其核心是基本维持围岩原始状态,预防及严控隧道围岩局部破坏或失稳引发隧道整体失稳,达到"施工过程中每步骤,隧道围岩和支护系统都必须满足三维力学平衡与稳定、三维力与变形协调、三维变形协调与稳定"的目的。

(1)新曲儿岔隧道

洞口段隧道穿越第四系冲积砂质黄土、黏质黄土、浅黄色,土质均匀,具孔隙,半干硬至硬塑,有自重湿陷性,为新黄土,属V级围岩,含水率为20.16%～24.11%,自稳能力差。

在软弱围岩并且有动荷载作用的浅埋大跨度隧道中,确保施工安全与上部结构设备的稳定,关键在于支护结构的迅速成环。采用CRD工法施工,即在隧道断面中部设置中隔墙,将断面分块,达到降低开挖跨度和开挖高度的效果,进行分部开挖,分块成环,化大为小,步步封闭,环环相扣,形成全断面初期支护封闭结构,如图5-2所示。同时在施工中,加强监控量测,依靠量测数据进行支护与施工,保证了隧道的顺利开挖。

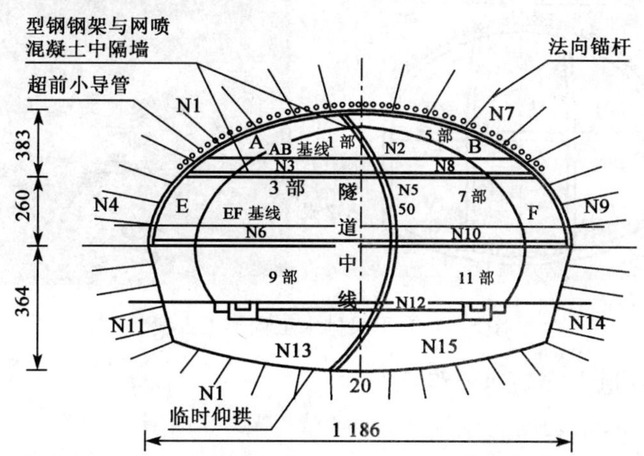

图5-2　新曲儿岔隧道施工方案(尺寸单位:cm)

(2)八米塬隧道

隧道通过地层主要为第四系上更新统风化黏质黄土,中更新统卵石土、漂石土、碎裂花岗岩及碎裂片岩,隧道下穿既有线段地质条件较差,为VI级围岩。隧道下穿既有线段围岩软弱且浅埋,自承能力极差,同时受运营列车振动的影响,造成洞身开挖后围岩的稳定性更差，为此必须采取较为稳妥的施工方法，如图5-3所示，以确保隧道的施工安全。隧道在既有铁路线下穿过，施工中严格控制地表沉降，确保了既有铁路运营安全。

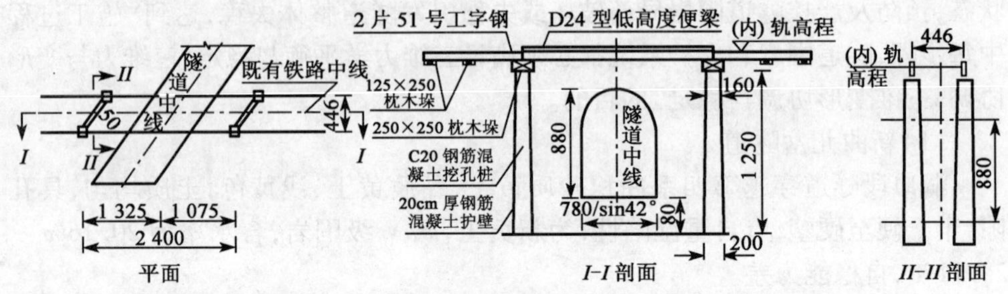

图5-3　八米塬隧道施工方案(尺寸单位：cm)

(3)东干渠排水工程下穿洛界高速公路路基

工程场地内分布的地层为第四系全新统，由人工填筑土、冲洪积形成的粉质黏土、砂和卵石组成，地下水位高程124.5m，埋深10.60m，水位变化幅度2m左右。采用图5-4所示的施工方案，达到了预期的施工要求。

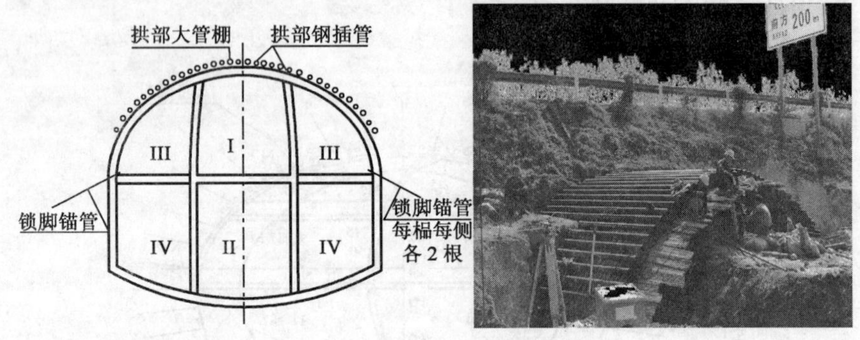

图5-4　东干渠排水工程施工方案

(4)前黄隧道下穿高速公路

岩体为花岗岩，表层为全风化，呈砂状，厚约8m；其下为强风化，呈碎块状，厚约7m；以下为弱风化，节理发育，岩层较为破碎。地下水为基岩裂隙水，稍发育，基岩裂隙水与地表水相通。隧道下穿段围岩级别设计为V级。其设计施工方案如图5-5所示，获得了成功。

(5)头岭隧道

新建隧道拱顶距既有高速公路隧道基础底面约3.24m，平面交角约54°。此段地质状况为：晶屑凝灰岩、凝灰熔岩，弱风化，岩体较完整，岩石质地较坚硬，基岩裂隙水不发育，按现行《铁路隧道设计规范》(TB 10003—2005)围岩划分标准，此段围岩级别属III级。该隧道施工方案获得了成功(图5-6)。

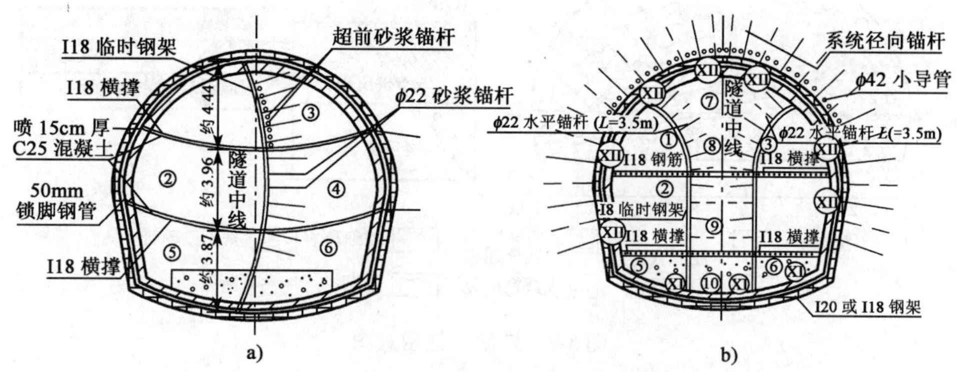

图5-5　前黄隧道施工方案(尺寸单位:m)

a)设计施工方法;b)实际施工方法

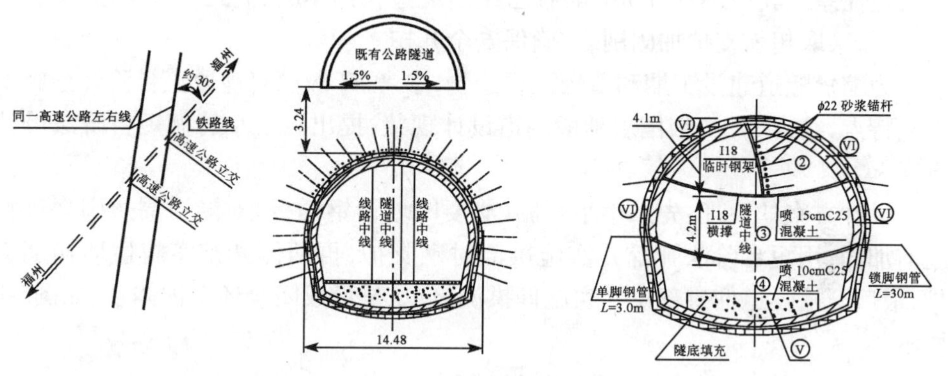

图5-6　头岭隧道施工方案(尺寸单位:m)

5.2　穿越破碎带隧道设计与施工实例

(1)隧道工程地质条件

某隧道位于浙皖交界附近，为一座越岭隧道，全长为1 160m，净宽10.5m，净高5m，拱顶净高6.98m。隧址区属侵蚀山岭地貌，植被发育，沿轴线地形起伏大。区内主要分布有古生代寒武系地层，依次是荷塘组炭质泥岩、粉砂质泥岩、硅质泥岩、杨柳岗组泥质灰岩、硅质泥岩、条带状灰岩和华严寺组白云质条带灰岩及第四系覆盖层和岩脉侵入体。隧道施工到K30 + 359 遇到挤压破碎带，并出现拱顶局部坍塌，地质素描如图5-7所示。

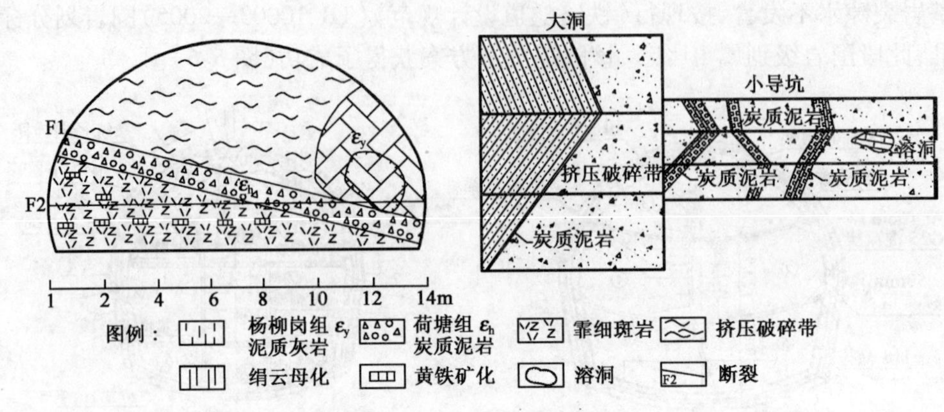

图 5-7　地质素描示意图

(2)小管棚短台阶法设计与施工

该地段受强烈挤压,岩石全风化,呈黄褐色,为泥状松散结构,围岩的完整性和稳定性差。其中,K30 +361 前后已经出现过长约 10m、高约 15m 的坍塌。因此,必须采取超前支护加固围岩,确保安全开挖。

为缩短隧道建设工期和节约工程造价,参考 VI 级围岩地段正台阶开挖施工工艺特点,结合 IV、V 级围岩地段隧道设计现状,提出以下小管棚短台阶法设计方案。

设计方案的原理:先采用小管棚(必要时增设钢插板)对隧道周边围岩进行超前加固,用短台阶法开挖并实施拱部衬砌支护,再两侧开挖实施边墙初期支护,最后开挖隧道仰拱部位并实施仰拱浇筑,尽早形成闭合环支护体系,如图5-8所示。

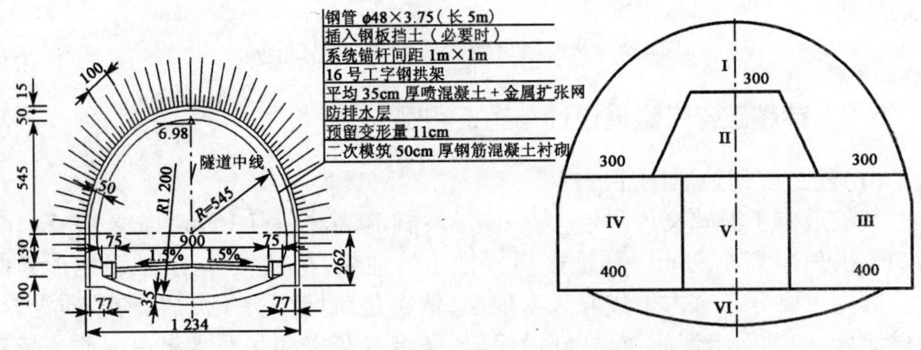

图 5-8　V 级围岩隧道开挖与支护示意图(尺寸单位:cm)

设计方案的优点：

①施工工艺简单，不需要特殊钻机，松散泥状围岩甚至可直接打入；

②采用的钢管小而短，直径 ϕ48mm，壁厚 3.75mm，长仅 5m；

③适合人工、机械多作业面施工，工期较短；

④造价较低。

其不足之处是由于该工艺尚处于探索阶段，成熟的施工队伍较少。

每一循环掘进深度以 0.5 ~ 1m 为宜，并立即架设钢拱架，与管棚钢管焊接连接。为进一步加固岩层，明显提高围岩的自稳能力，采用 ϕ22 砂浆锚杆 + 金属扩张网的锚喷混凝土加固岩层，完成一个循环围岩的初期支护。

综上所述，可以得出如下结论：

①小管棚短台阶法主要适用于软弱围岩，如破碎地带、砂土地层、软岩的隧道，尤其适用于注浆效果不佳的岩层，主要强调特殊地质围岩隧道应运用强预支护原理的重要性；

②与大管棚相比，具有材料简单，操作方便，不需特种机械等优点；

③施工安全可靠；

④本施工方法对围岩采取主动支撑，可改善围岩的自稳能力，一般还应配合锚喷混凝土或小导管注浆等方法进行。

5.3　穿越河流与海底隧道设计与施工实例

5.3.1　穿越河流隧道施工中的平衡稳定问题

某隧道下穿京珠高速、浏阳河、机场高速等城市道路和河流，如图 5-9 和图 5-10所示。

在穿越河流地段，河底与隧道顶部的最小高度只有 13m，周边岩层稳定性差，施工中极易造成坍塌、涌水等事故。由于河底的地层石质软弱破碎，要容纳高 9m、宽 14.8m 的隧道，对河底的支撑力与强度是一个巨大的考验。为此，采用了（浅埋暗挖法）超前支护的施工方法：在 18m 长的隧道拱部打入 90 根导管和管棚，再用强压方式注入水泥浆，形成人工拱形支护，形象地说，就相当于是在浏阳河河底支起一个坚固的拱形钢架，以保证隧道周边围岩稳定。根据计算，全长 210m 的浏阳河底总共需要 1 575 根导管和管棚，其总长度达 28 350m。每 1m 隧道都要通过掏槽、钻孔、爆破、出渣、初期支护、二次衬砌这些工序完成，每个工作面每天大约掘进 2.4m，5 个工作面总共可掘进 12m。

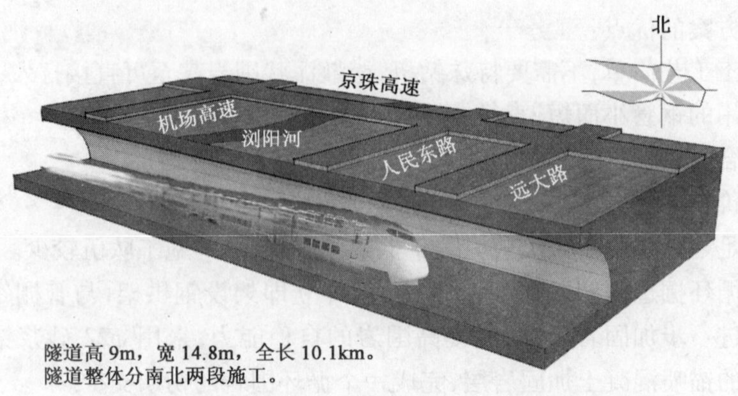

图 5-9　某隧道下穿京珠高速、浏阳河、机场高速、人民东路、远大路等

图 5-10　某铁路下穿隧道

该隧道下穿机场高速将采用暗挖方式，暗挖段长 52m，隧道顶距离机场高速路面的高度只有 6 ~ 8m。为了既保证隧道开挖上方道路的稳定性，防止沉降，又确保隧道的顺利掘进，采用机械法施工来完成这 52m 的暗挖段。在与机场高速交界的南北隧道口，将分别建起一座厚 1m 的拱形导向墙，150 根直径为 108mm 的钢管通过导向墙向隧道内固定，再往钢管内注入水泥砂浆、水玻璃等材料，在隧道内部的外围形成一道坚固的外衣，保证隧道施工的安全顺利推进。

5.3.2　海底隧道施工中的平衡稳定问题

某海底隧道是一项规模浩大的跨海工程，线路总长 8.695km，隧道全长 5.948km，其中海域段 4.4km，是我国大陆地区第一座海底隧道。设计采用三孔隧道方案，两侧为行车主洞，各设置 3 车道，中孔为服务隧道。主洞建筑限界净宽 13.5m，净高 5m；左、右线隧道各设通风竖井 1 座，隧道全线共设 12 处行人横通道和 5 处行车横通道。在地质条件复杂（松软土层、透水砂层、海底风化槽等）的海平面以下几十米深处，开挖断面上百平方米，跨越海域 4km 多的行车隧道，对探索适合我国国情的海底隧道建造技术，为类似工程的动工兴建起着示范作用。图 5-11a）、b）分别为该隧道采用 CRD 工法和双侧壁导坑法的施工情况。

a)

b)

图 5-11　某海底隧道施工工法

a）CRD 工法；b）双侧壁导坑工法

该海底隧道有三大施工难点：一是在泥土中掘进（穿越陆域浅埋段全强风化层）；二是穿越透水砂层（穿越海域浅滩段透水砂层），三是摆平风化深槽[穿越海域段 F1、F2、F3、F4 等 4 个海底风化深槽（囊）]。由于风化深槽（囊）受断层影响，岩体破碎，节理裂隙发育，导致风化层深厚，隧道顶板厚度较薄，围岩经开挖扰动后，隧道顶部的高水压(0.5MPa)容易将隧道覆盖层击穿，稍有不慎，就很有可能发生涌水、突水和突泥，造成隧道持续坍塌或严重进水，使施工人员和机械设备面临极大威胁，甚至会导致工程报废，造成无可挽回的损失。因此，穿越风化深槽的施工也是三大难点之首。

(1)在泥土中掘进

该隧道两端陆域暗挖段约 1 800m，是在全强风化层下挖隧道。全强风化层，通俗地说就是泥土。由于泥土缺乏足够的支撑力，类似这么大断面的隧道，如果全洞一次性开挖掘进，塌方的风险就非常大。针对土层施工，工程人员在主隧道采用了 CRD 四步工法和双侧壁导坑法施工。这两种办法都是将大断面分解成若干个小断面依序进行挖掘与支护，松软土层的压力得以巧妙地分解。

在松软土层的隧道施工中，需要随时对已挖掘的隧道进行支撑和保护，施工进度一般只能达到每天 1m，而在岩层的隧道施工中，因为岩层支撑能力好，一天可以达到 10m。翔安隧道采用的施工技术每天能掘进 1 ~ 2.0m，与国内类似工程相比，其进度是相当快的。为加快进度，施工方在隧道两端的浅滩地段修筑了直径约 100m 的人工岛，从上往下开挖竖井直至主洞处。挖一个井增加了两个作业面，施工方就能从土层两端同时掘进。而这两个竖井还将成为隧道的通风井。

①CRD 法施工关键技术

a. CRD 法施工顺序为:左上导洞①→左下导洞②→右上导洞③→右下导洞④,详见图 5-12。

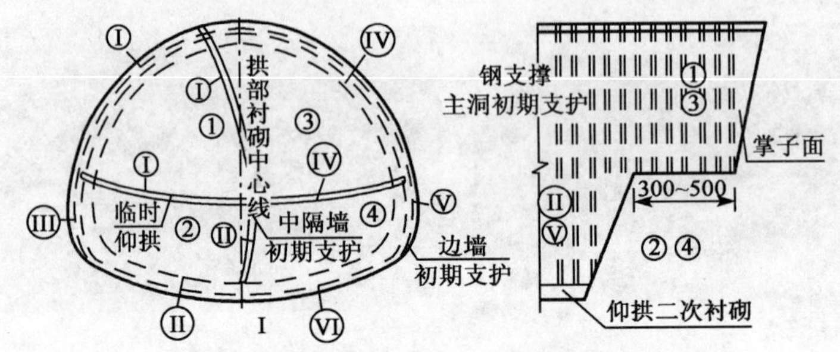

图 5-12　隧道 CRD 法施工工序

b. 洞口段采用 ϕ108mm 管棚进行超前支护,洞内采用 ϕ42mm 注浆小导管进行超前支护,初期支护采用“工字钢拱架 + 网喷混凝土”。

c. 严格遵循新奥法“管超前、严注浆、短进尺、强支护、早封闭、勤量测”的施工原则,加强综合超前地质预报和降水,并坚持按照“先降水、后开挖”的原则进行施工。

②双侧壁导坑法施工关键技术

a. 双侧壁法原设计支护参数。

在原设计文件中,双侧壁法用于全强风化岩中,主拱采用 I20b 工字钢,临时支撑采用 I18 工字钢,详见图 5-13。

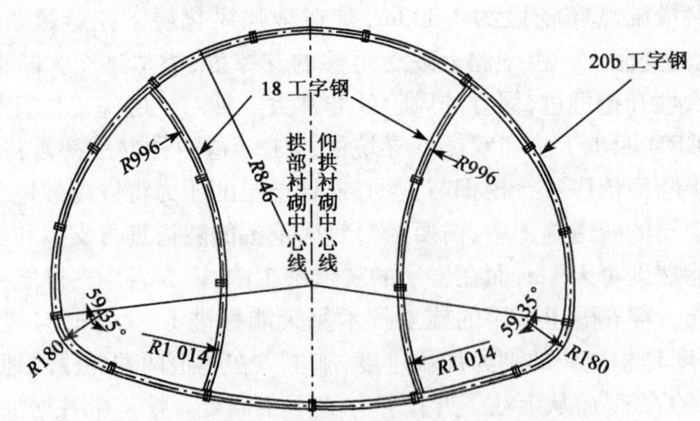

图 5-13　原设计双侧法钢架图(尺寸单位:cm)

b. 双侧壁法原设计施工步序步长。

按设计文件,双侧壁法分为左、中、右三个导洞,左、右导洞在地质条件允许的前提下,可一次开挖,每次进尺1~2m,左右相隔3~5m,中导洞分为上下两个台阶最后施工,详见图5-14。

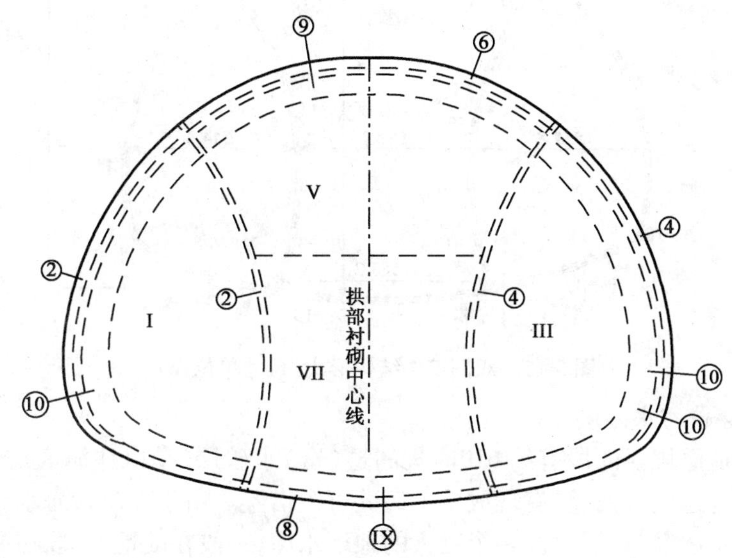

图5-14 双侧壁法施工工序图

c. 双侧壁工法的优化。

按照原设计文件进行双侧壁法施工,基本上能控制住一般地段围岩的收敛变形,但由于海底隧道陆域浅埋段洞顶的众多地表构造物及海底风化深槽极其恶劣的地质条件,为确保工程施工安全,对原双侧壁工法进行局部优化就成为了必然。在海底隧道双侧壁工法施工中,主要对其初期支护钢架的结构形式、钢架强度、超前支护、锁脚锚管及施工步长和步序等进行优化,最后选择如图5-15所示的结构形式进行施工。优化后的双侧壁法能较好地控制地表沉降,可以使用大型机械,施工进度较快,取得了较好的效果。

采用图5-15所示的双侧壁法结构形式,两侧导洞相对较小,中导洞顶部较宽,在未施工前,各方专家均担心中导洞施工难度大,容易造成拱顶下沉过大,但在实际施工过程中,经围岩监控量测证明,拱顶沉降很小,其原因是两侧导洞施工超前,已将中导洞围岩中的水疏排干了,起到了改良围岩的作用,同时由于两侧导洞已封闭成环,中导洞两侧拱脚稳固,所以中导洞施工时,基本上不会发生大的沉降。

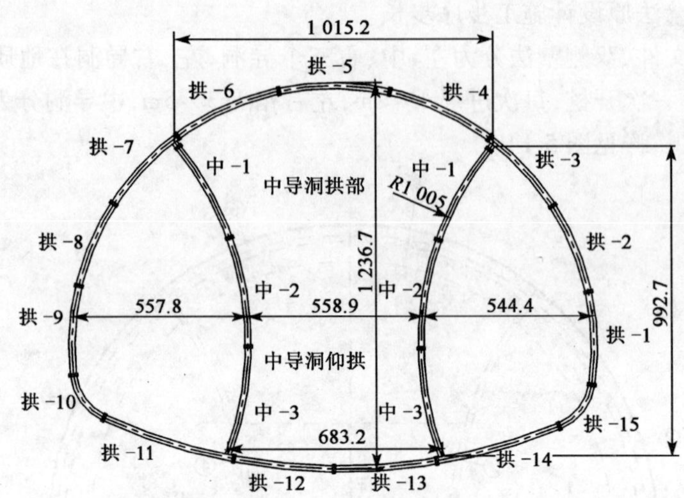

图 5-15　双侧壁法结构形式(尺寸单位:cm)

(2)穿越透水砂层

在隧道海域浅滩段有约 610m 长的透(富)水砂层,是以往海底隧道施工过程中所未曾遇到过的,没有现成施工经验可供借鉴。由于砂层与海水直接连通,具有一定承压性,砂层就像一个巨大的地下水库,一段在陆地,一段在海里,砂粒之间充满了水。在这样的地方挖隧道,存在着严重的涌水、塌方、涌沙的风险。对此,原设计拟采用垂直或水平高压旋喷桩对砂层进行固结处理,后根据现场试验结果和专家论证,最终确定采取“在地表采用地下连续墙和疏干减压井控制地下水与在洞内采用 TSS 小导管超前预注浆固结砂层相结合的施工方案”,即切断砂层与海水的连通,再把砂层里的水排干,然后进行注浆固结。

首先,施工人员对砂层上方的滩涂进行填筑围堰,使滩涂成为真正的陆地;然后,在隧道上方地表划定一个长方形的工作面,沿着工作面四周深挖壕沟至砂层下,用混凝土造出隔水墙(地下连续墙止水帷幕,见图 5-16),将整个砂层分隔成仓,切断海水对砂层的补给通道,并通过 189 口降水深井疏干砂层中的水,砂层中的水便沿着砂粒间的缝隙流入这些井里,接着被分期抽离。透水砂层里没了水,满足隧道

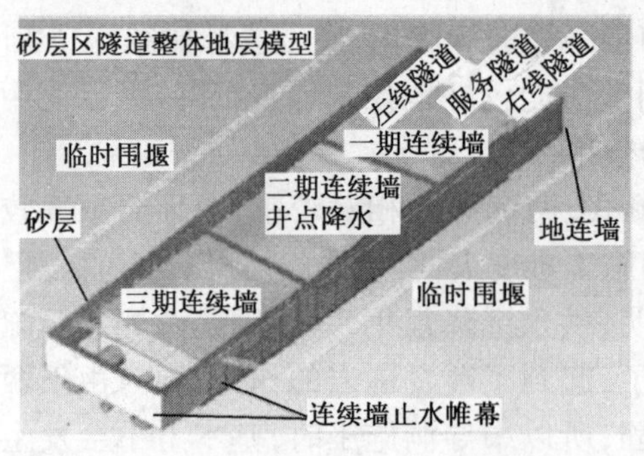

图 5-16　地下连续墙、降水井与隧道的关系

施工要求,涌水难题也就迎刃而解了。

(3)摆平风化深槽

穿越透水砂层后,隧道施工就来到了海底花岗岩层。其实,在全岩层挖掘隧道是较为安全和快速的,但海底岩层的风化深槽却让工程遭遇了最大的施工挑战。

海底隧道风化深槽围岩主要由全风化~弱风化花岗岩、花岗闪长岩和辉绿岩岩脉组成。风化深槽是海底岩层因风化作用形成的囊状风化,就像一只嵌在岩石中的导水透镜体,由风化沙石组成,一旦施工不慎,就像在几十米的海水下把隧道撕开了一个口子,整条隧道都有报废的危险。穿越风化深槽的难度之大、风险之大为国内外罕见。施工人员曾经朝风化深槽里钻了个探测孔,取出岩芯一看(图5-17和图5-18),竟是一摊混着海水的黄褐色烂泥,甚至一些专家都认为不可能再继续挖下去。因此,四条从几十米到百余米宽的海底风化深槽(囊)成了该隧道施工的最大障碍。

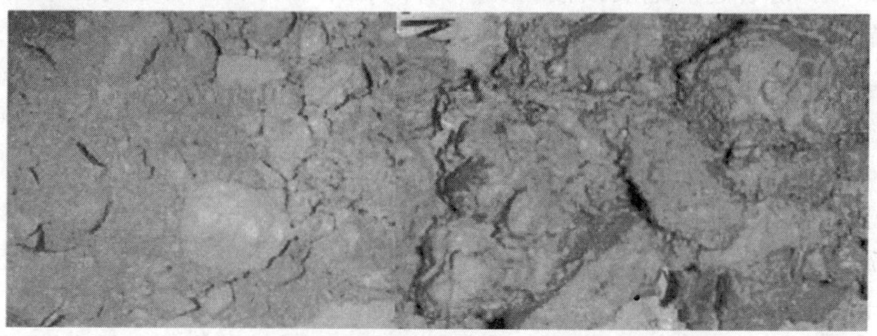

图5-17　风化深槽水平超前探孔取芯情况

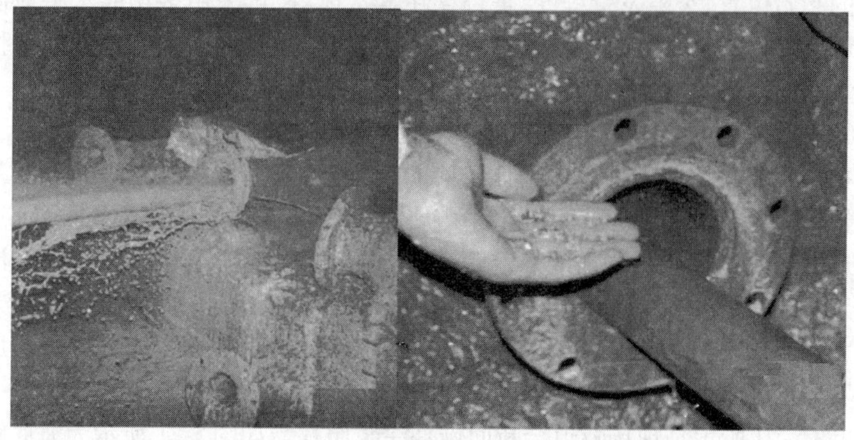

图5-18　风化深槽水平超前探孔出泥、出沙情况

虽然风化深槽的施工风险很大，但只要坚持科学严谨、实事求是的态度，通过综合超前地质预报手段，准确探明真实的地质情况，有针对性地制订施工方案，就能顺利穿越它。该海底隧道风化深槽原设计采用全断面帷幕注浆加固和CRD法开挖。海底隧道建设者们经过施工阶段的综合超前地质预报，进一步探明了风化槽的规模、风化程度、涌水量及其对施工的影响程度，这就为优化施工方案、简化注浆过程、改进开挖方法，为国家节约大量建设投资、加快施工进度提供了最有力的原始数据。

①风化深槽施工的总原则

a. 做好综合超前地质预报工作，准确探明风化深槽主槽和两端影响带的位置、走向、长度及其与隧道的关系，以及槽内围岩的工程地质和水文地质情况等；

b. 依据综合超前地质预报成果，有针对性地制订科学合理的施工技术方案，编制专项实施的施工组织设计，系统地指导风化深槽的现场施工；

c. 选择安全合理的开挖方法，加强超前预支护，严格执行软弱地质条件下的"管超前、严注浆、短进尺、弱爆破、强支护、勤量测"十八字方针；

d. 坚持动态管理和信息化施工。

②综合超前地质预报

a. 预报原则：采用中长距离预报与短距离预报相结合、物探预测与钻孔直接预测相结合、区域性地质预报与掌子面地质预报相结合的"三结合"原则。

b. 预报方法：首先通过TSP203长距离预报，初步探明掌子面前方断层风化深槽的起始位置、裂隙发育程度、是否存在含水体等；再采用多功能水平地质钻机和地质雷达进一步确定不良地质的具体位置和规模等，并采用红外探水技术探明掌子面前方的含水体情况。

③风化深槽的施工工艺流程

在借鉴和总结国内外有关工程经验的基础上，众多国内外专家经过反复论证，最终采用如图5-19所示的风化深槽堵水加固施工工艺流程。简单地说，就是隧道掘进到达风化深槽前的一定距离时，在已开掘的隧道掌子面修一个混凝土止浆墙，在这个平面上钻出几百个直达风化槽的小孔，通过这些小孔，注浆机将强力速干水泥注入风化槽，几个小时后，前方风化槽的烂泥、碎石就板结成了与岩石硬度相当的水泥块。下一步钻隧道，就像是在一个巨大的岩石中凿一个孔，如图5-20所示是现场隧道全断面帷幕注浆照片。如图5-21所示为海底隧道注浆施工前后的围岩现场比较图。

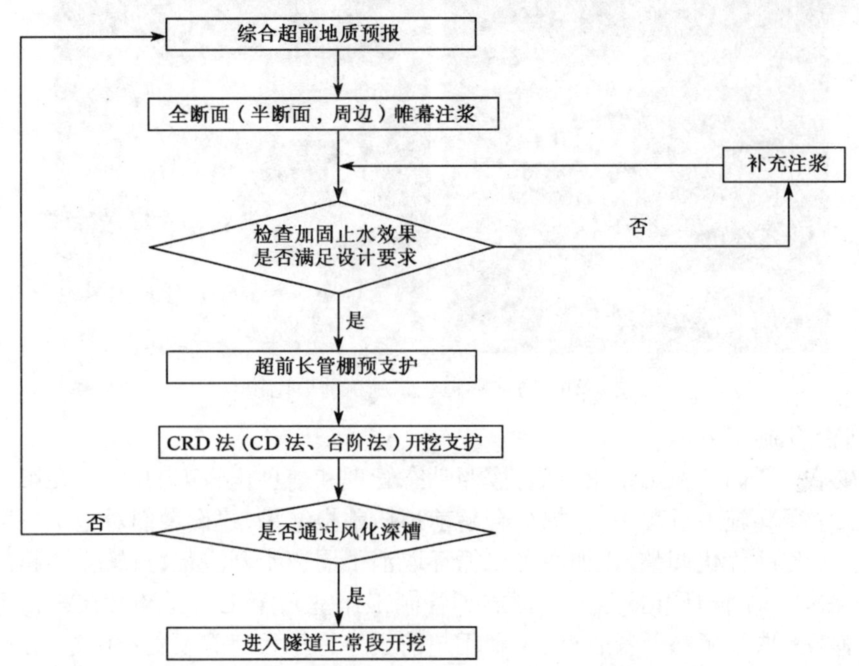

图 5-19　风化深槽堵水加固施工工艺流程图

图 5-20　隧道断面注浆处理

图 5-21　海底隧道注浆施工前后比较

④优化施工方案

在第一个循环施工结束以后，按照动态管理和信息化施工的原则，在第二个和第三个循环施工过程中，根据综合超前地质预报结果，建设者们对施工方案进行了一系列的优化调整，比如在第二循环取消了周边帷幕注浆，只施作了超前长管棚（在第一个循环开挖后期就形成了管棚工作室），第三个循环又在第二个循环的基础上取消了超前长管棚，仅利用超前小导管作为超前预支护措施，在第二个和第三个循环开挖施工过程中也取消了预留 CD、CRD 法施工条件。在风化深槽施工过程中，监控量测数据表明，拱顶下沉和周边位移收敛均远远小于设计要求的下沉量控制值。该海底隧道在穿越风化深槽的施工过程中，通过不断的摸索和试验，积累了大量的施工经验，相信这些对今后类似地质条件下的隧道施工具有一定的借鉴作用。

5.4　隧道边、仰坡稳定问题

随着高等级公路不断向丘陵山区延伸，需要开挖大量公路隧道，涉及隧道进出洞口复杂地质条件的情况逐渐增加，如图 5-22 所示就存在隧道进洞口仰坡稳定性问题。隧道的开挖改变了边坡的受力状态，极易诱发滑坡，因此隧道的开挖与边坡的稳定性有较强的关联性。洞口边坡的稳定性直接决定着隧道的稳定，很多隧道洞口边、仰坡的切削，改变了原有自然斜坡的平衡状态，特别是在原有地质条件较差的地段，如堆积层、风化卸荷带等，若开挖的深度和设置的坡度不当，常产生崩塌、滑坡等地质灾害。由此可见，很好地解决现阶段隧道和边坡的相互作用问题，保证隧道和边坡的稳定显得越来越重要，越来越迫切。

地质灾害“重在防，而不在治；重在先治，而不在后治”。在工程建设中，主动避开地质灾害多发区域——即防；无法避开，要对工程区周围的地质环境进行全面的勘察,在科学研究和论证的基础上,开展地质灾害评估,制订出科学合理的规划方案,对可能发生地质灾害的区域,在灾害发生前就采取治理措施,然后再利用——即先治。

图5-22 某隧道出口位于高陡边坡上

隧道边、仰坡问题主要有:

(1)隧道进出洞口开挖时对边坡稳定性的影响;

(2)进洞后隧道开挖对边坡稳定性的影响;

(3)边坡失稳对隧道支护结构的影响。

边坡和隧道不是独立的个体,而是相互作用的整体,在处理这类问题时,应坚持的一个基本原则是:首先加固边坡,待边坡稳定后再开挖隧道。在进洞时,要注意削坡对边坡的影响,如果岩土体松散,会导致部分土体发生滑塌,此时不应立即将滑塌下来的土体移走,因为这样会导致坡体出现累进性破坏,造成"一塌再塌"的严重事故,而应首先加固坡体,然后再进洞。

水是影响隧道边、仰坡稳定性的重要因素,地表水渗入坡体内,一方面增加了坡体的重量,另一方面降低了岩土体的抗剪强度,从而降低了可能滑移面的极限承载能力,对坡体的稳定是不利的。因此应综合采用"截、防、导、排"的排水措施,减小地表水对坡体的影响。对坡体范围内地表水集中的地方设排水沟排走地表水。对地下水,应以排为主,降低坡体的地下水位,减小渗水压力。

在有条件的情况下,减载压坡应是优先考虑的加固措施。有效控制后,边、仰坡的变形也就能减缓。对于浅埋段,可以采用反压护拱的施工方法,如图5-23所示。在治理边、仰坡时,其工程的重点是斜坡的前缘,只要前缘稳定了,不发生累进性破坏,后缘坡体就会稳定下来。抗滑桩是治坡工程中最常用的工程措施,它能有效地局部改变滑坡体的受力平衡,阻止滑坡体变形的延展。如图5-24所示是某隧道进口中使用抗滑桩来加固隧道边、仰坡，保证了边坡的稳定和洞室的安全施工。

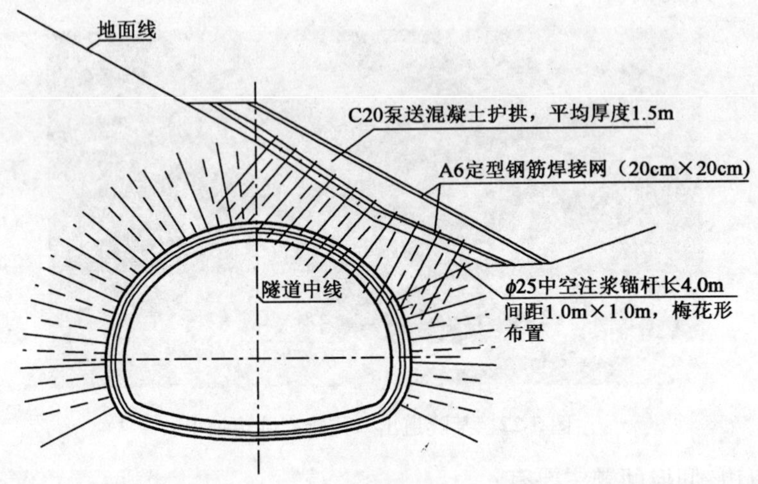

图 5-23　浅埋暗挖段反压护拱法

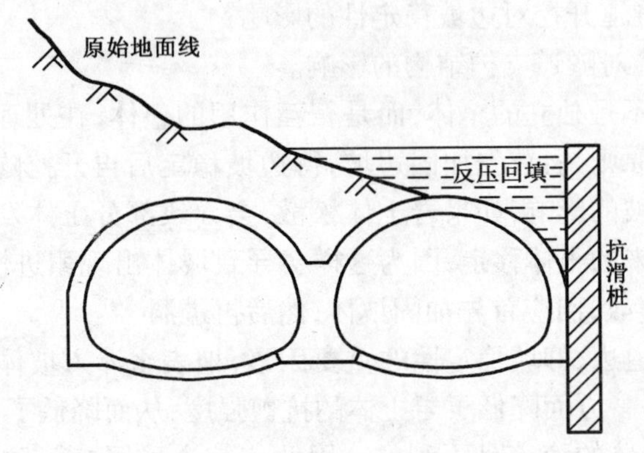

图 5-24　某隧道进口立面图

明洞作为一种防御的工程处理措施，在隧道边、仰坡中也经常使用。因为通过施工明洞，可以减少边坡对隧道的影响。宝成线南段 37 座隧道有 29 座洞口接长明洞；枝柳线圆八段有 1/3 的隧道洞口作了延长；襄渝线达渝段 40 座隧道，亦因洞口施工引起崩塌滑坡，42 个洞口延长或接长明洞，增设挡墙。通过施作明洞来穿越不稳定的边、仰坡地段是一种比较好的施工处理措施，如图 5-25 所示是某隧道使用明洞穿越不稳定边、仰坡的情况。

图 5-25　某隧道明洞建成后

在隧道边、仰坡施工中，不但要注意边仰坡的加固，而且要注意通过改变隧道的施工工序和施工方法来尽量减小隧道开挖对边坡的影响。在边坡上修建隧道时，最大的难点就是如何进行洞口施工，洞门做得是否牢固，是决定边坡稳定性的一个重要因素。因此，处理好洞口的施作是很重要的。洞口开挖时，应考虑地层、周围环境条件，如地形、地质、地下水、降雨等，有时会发生滑坡、崩坍、偏压、地表下沉等，这就要求施工前认真核对设计图。在进行洞口施工时，要注意使用超前支护措施，如超前锚杆、管棚等，首先给松散岩土体一定的预支护力后再进行开挖，开挖后及时进行初期强支护；变强爆破为弱爆破，减小爆破振动对上覆松散岩土体的扰动；变大断面为小断面，及时封闭成环，并组织好施工顺序，保护围岩，最大限度地减弱隧道施工对边坡的影响。

5.5　坡积体中修建隧道的有关问题

坡积体围岩破碎，透水性强，在坡积体含水丰富的情况下，隧道施工可能导致围岩滑塌等地质灾害。隧道施工中围岩状态处于不断调整的动态过程中，在坡体开挖还未施加初次支护阶段，往往存在墙体部位围岩的滑动，导致工程事故的发生。隧道进口坡积体是土石混合体，含水率分布不均匀，c、φ 值也随时间地点的改变而改变，围岩属于非连续介质。地质勘察报告中给出的滑坡体力学性质只能代表当时的情况，并没有普遍意义。数值分析结果对工程方案的选择难以起到指导作用。因此，选择合理施工技术尤为重要。

以下为一工程案例。根据地质调查勘探及现场开挖揭示的地质情况判定，隧道地质条件复杂；实际情况及地质勘测设计报告表明，隧道进口处于缓坡地段，坡度 25° ~ 35°。坡体上部为残坡积土，含黏性土碎石、碎石粉质黏土，揭露厚度较大,厚12.5~20.5m,欠稳定,表层分布大量滚石,粒径最大约2.0m;下部为全—强风化凝灰岩,厚5.8~7.6m。隧道围岩为残坡积土及全—强风化凝灰岩,岩石节理裂隙发育,整体稳定性差,易产生坍塌、掉块,属V级围岩。如图5-26所示是隧道开挖出的残破积碎石土,与坡体表面残破积土相比,其密实性和稳定性相对较好。地下水为松散土层孔隙水及基岩裂隙水,水文地质条件一般。洞口前缘开挖形成临空面后,上部土体在雨水等作用下处理不当易产生滑坡等灾害。隧道洞身主要为微风化凝灰岩,并存在F2、F3断层,地下水为基岩裂隙水,水文地质条件简单,但洞口段为含碎石粉质黏土,K3+885处隧道围岩剖面见图5-27。

图5-26 坡积体上部松动而下部较紧密情况

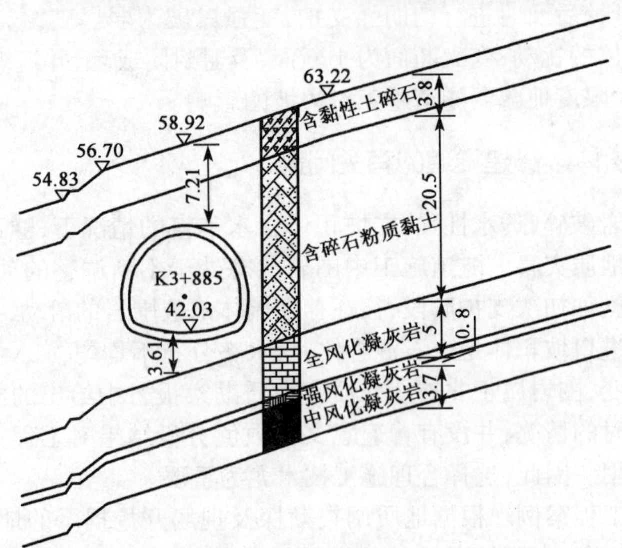

图5-27 K3+885处隧道围岩剖面(尺寸单位:m)

隧道半明半暗段初步拟订采用如下施工方案(图5-28)。

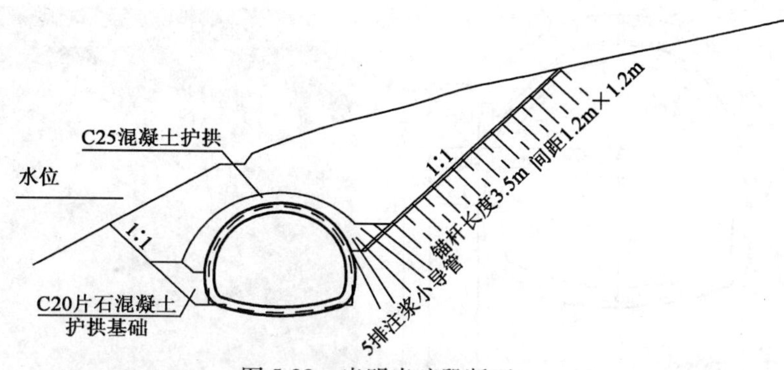

图5-28　半明半暗段断面

第一步:进行半明部分开挖。左侧开挖边坡(坡率为1:1),右侧边坡设置一级,坡率为1:1。开挖时全长23m范围内都预留核心土以便护拱施工。开挖后,对右侧边坡进行锚杆护坡加固,锚杆长度为3.5m,间距为1.2m×1.2m。

第二步:施作护拱基础。全长23m范围内左侧按照相应图纸设置C20片石混凝土基础,整体一次性浇筑完成,不设置沉降缝、伸缩缝。

第三步:施作C25钢筋混凝土护拱及拱顶回填。护拱钢筋骨架采用环向ϕ22II级钢筋,纵向ϕ18II级钢筋,纵横间距都是30cm,上下两层布置。右侧护拱拱脚设置6m长ϕ42×4注浆小导管,设置5排,纵向间距为0.67m,梅花形布置,尾部埋入混凝土中1.0m。待护拱强度达到要求后,回填拱顶C20片石混凝土及拱顶土石。

第四步:进行半暗部分开挖。在隧道护拱的保护下,开挖隧道核心土部分。护拱范围内(包括左侧护拱基础范围)不设置中空注浆锚杆;护拱范围以外,按设计图纸要求施工锚杆。其余初期支护(工字钢、钢筋网、喷射混凝土)全断面施工。具体为:钢拱架采用16号工字钢,间距取1m(设计间距为0.5~1.0m),设置一层钢筋网,喷射混凝土厚度为25cm。

第五步:仰拱及时开挖施工,仰拱片石混凝土回填。

根据专家提出的对护拱拱脚进行加固的意见,结合实际情况,采用如下加固方案:采用ϕ121×8的钢管桩,每根长10m,埋入护拱混凝土内1m,设置1列,纵向间距0.5m/根,护拱底宽1m,钢管桩横向距离右侧坡脚0.3m,距离护拱底左侧宽度为0.7m。设置段落为K3+852~K3+873,共设置43根,合计430m。钢管桩钻孔直径为140mm,钢管桩管内注水泥净浆,水灰比0.6,桩前端7m范围打注浆孔,孔间距15cm×15cm,梅花形布置,桩尾3m范围无孔,图5-29为钢管桩加固施工图，隧道洞口段成功修建，如图5-30所示。

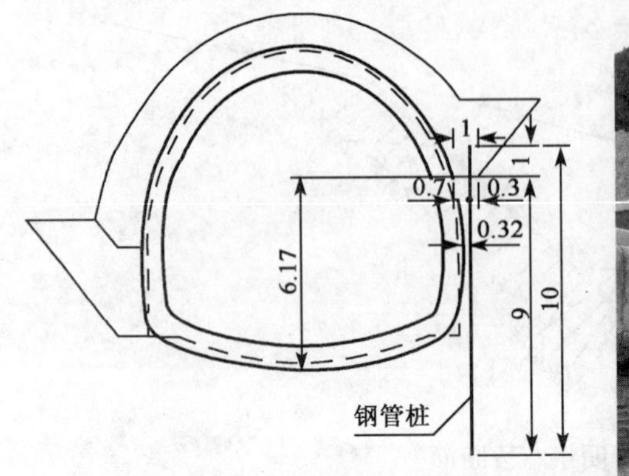

图5-29　钢管桩加固施工图（尺寸单位：m）

图5-30　隧道洞口段成功修建

半明半暗段隧道施工时，按照初步施工方案逐步进行半明部分开挖、基础及护拱设置、拱顶回填、核心土开挖、仰拱开挖及回填等数值计算，并对半明半暗段隧道施工期间边坡稳定性进行分析评价，得到以下几点结论：

（1）如按原施工方案进行，则在核心土开挖后临时支护设置前，右侧坡体可能发生滑动，应采取措施防止发生危险。

（2）为防止核心土开挖引起右侧坡体滑动，在隧道右侧打设木抗滑桩，经计算分析，效果良好，加设抗滑桩可以有效控制右侧坡体滑动。该方案对类似工程有一定的参考价值。

参考文献

[1] 王梦恕. 地下工程浅埋暗挖技术通论[M]. 合肥:安徽教育出版社,2004.

[2] 孙均. 地下工程设计理论与工程实际[M]. 上海:上海科技出版社,1996.

[3] 曾庆元,等. 列车脱轨分析理论与应用[M]. 长沙:中南大学出版社,2005.

[4] 重庆交通科研设计院. 公路隧道设计规范[S]. 北京:人民交通出版社,2004.

[5] 蒋树屏. 公路隧道技术的现状与发展[J]. 中国公路网,2007.

[6] 关宝树. 隧道工程设计要点集[M]. 北京:人民交通出版社,2003.

[7] 何川,等. 连拱隧道施工全过程三维有限元分析[J]. 中国铁道科学,2005,26(2):34-38.

[8] Lin C T, Amadei B, Jung J, et al. Extensions of discontinuous deformation analysis for jointed rock mass [J]. International Journal of Rock Mechanics and Mining Sciences & Geomechanics Abstracts,1996,33 (1): 671-694.

[9] Wang C Y, Chang C T, Sheng J. Time integration theories for the DDA method with finite element Meshes [A]. Proceedings of the First International Forum on Discontinuous Deformation Analysis (DDA) and Simulations of Discontinuous Media[C]. Albuquerque:TSI Press,1996: 263-288.

[10] 陈礼伟,等. 隧道工程讲座(杭州 2007). 中铁西南科学研究院有限公司,2007.

[11] 朱汉华,孙红月,杨建辉. 公路隧道围岩稳定与支护技术[M]. 北京:科学出版社,2007.

[12] 朱汉华,尚岳全,等. 公路隧道设计与施工新法[M]. 北京:人民交通出版社,2003.

[13] 尚岳全,王清,蒋军,等. 地质工程学[M]. 北京:清华大学出版社,2006.

[14] 朱汉华,王迎超,等. 隧道预支护原理及施工技术[M]. 北京:人民交通出

版社,2008.
[15] 吴生金,等.厦门海底隧道穿越富水砂层施工技术[J].现代隧道技术,2008(增):1-8.
[16] 吴驰,等.厦门海底隧道陆域浅埋段CRD法施工技术[J].现代隧道技术,2008(增):9-12.
[17] 刘保东.工程振动与稳定基础[M].北京:清华大学出版社,2010.
[18] 文颖.结构稳定极限承载力分析的力素增量方法[D].长沙:中南大学,2010.